Bernd Badegruber Johann Pucher-Pacher

Auf ins Rechenland

Spielend Mathematik erleben

VERITAS

DER UMWELT ZULIEBE:
CHLORFREI GEBLEICHTES
PAPIER

Die Deutsche Bibliothek – CIP-Einheitsaufnahme

Badegruber, Bernd:
Auf ins Rechenland : spielend Mathematik erleben / Bernd Badegruber ; Johann Pucher-Pacher. – Linz : Veritas, 1996
ISBN 3-7058-5032-6
NE: Pucher-Pacher, Johann:

1. Auflage (1996)
Gedruckt in Österreich
Lektorat: Iris Gahleitner, Linz
Herstellung: Germana Kolmhofer, Hartkirchen
Umschlaggestaltung und Illustrationen: Alois Jesner, Linz
Satz, Montage: Typeshop, Linz
Druck, Bindung: LANDESVERLAG Druckservice Linz

ISBN 3-7058-5032-6

Inhaltsverzeichnis

7. Mit Würfeln und Spielkarten

8. Messen und wägen

9. Einmaleins

10. Geometrische Spiele

Vorwort

Kinder beschäftigen sich von klein auf unbewußt und ohne Vorgabe durch Erwachsene mit Mathematik. Mathematik ist in allen Lebensbereichen gegenwärtig: Im Haushalt, bei der Beschäftigung mit Spielzeugen, Tieren, Pflanzen ...

Diese Phänomene zu erforschen ist ein Grundbedürfnis. „Ich möchte rechnen können" ist eine Erwartung der Schulanfänger, genauso wie „Ich möchte endlich selber lesen können".

Mathematik wird nun in der Schule erlebt: Mengen werden geklatscht, Mengen werden ertastet, beschrieben, in Spiele eingebaut. Zu bald findet aber in der Schule oft die Abstrahierung des Erlebten statt: Zahlen werden geschrieben, Mengen gezeichnet, Rechnungen gelöst; Festigungsübungen, Anwendungsbeispiele und Rechentests folgen ...

Das sei Mathematik – dieser Eindruck entsteht dann leider für viele Kinder.

Das individuelle Erleben, das Erforschen, das Gewinnen eigener Erkenntnisse, die Freude am Experimentieren kommen häufig zu kurz. Rechnen und Mathematik werden oft als unabdingbare Pflichtübung unter vorgegebenen Regeln, mit Nummern, Ziffern, Zahlen und – zum Schrecken leseschwacher Schüler – in Kombination mit Texten erlebt.

Mathematik sollte kein Sammelsurium von Arbeitsblättern, Rechenbüchern, Rechenheften, Tafelbildern, Overheadfolien und Legespielen sein.

Mathematik ist mehr!

Sollen Kinder Mathematik mögen, verstehen und damit umgehen können, müssen sie zur Genüge Mengen beobachten, ordnen, im Alltag erkennen und zuordnen. Jedes Kind hat zu verschiedenen Zeiten einen verschieden großen Mengenbegriff und eine andere Umwelt, in der es seine verschiedenen Mengen findet. Auch die im Alltag nötigen Rechengedanken hängen von der persönlichen Umwelt und dem individuellen Erleben des Kindes ab.

Das Erleben der Mathematik mit allen Sinnen im Alltag ist allen gemein. Man sieht, hört und spürt mathematische Zusammenhänge jede Minute. Selten tippt das Kind im Alltag Mathematik in Geräte, selten schreibt es Zahlen auf und rechnet abstrakt. Rechnen mit allen Sinnen sollte nicht nur im Alltag vorkommen, sondern auch DIE MATHEMATIK in der Schule bestimmen.

In unserem Buch stellen wir Spiele vor, die es unseren Schülern erleichtern, die Mathematik in ihrer persönlichen Umwelt zu beobachten, zu erleben und sich damit auseinanderzusetzen. Sie tun dies bei manchen Spielen nebeneinander und jeder für sich, wobei jeder zu anderen Ergebnissen kommen kann. Oft erlauben uns unterschiedliche Aufgabenstellungen verschiedene Lösungsstrategien.

Die persönliche Beschäftigung mit Gegenständen, Formen, Mengen, Zahlen, Maßen, Geschichten und Rechnungen soll den Kindern durch den Freiraum, den sie dabei genießen, Freude an Mathematik ermöglichen. Diese Freude wird unterstützt durch das Erfolgserlebnis des „Forschenden", der im Gefühl schwelgen kann, Einzigartiges erkannt zu haben – und dies ohne fremde Anleitung. So führt dieser Weg zu einer unermüdlichen Suche nach mathematischen Erkenntnissen im Alltag.

Die von uns beschriebenen Spiele sind einfach und natürlich: Die benötigten Gegenstände finden die Kinder im Haushalt, im Klassenzimmer, auf der Wiese, im Wald und in ihrer Schultasche. Bei anderen Spielen sind Geschichtenbücher, Gedichte, Lieder, Instrumente, Gespräche, Rätsel, der eigene Körper und nicht zuletzt die Mitschüler Anlaß für mathematische Überlegungen und Gedankenspiele bis hin zum Philosophieren.

Die hier beschriebenen Spiele beweisen die Vernetzung der Mathematik mit anderen pädagogischen Zielen, wie Förderung der Konzentrationsfähigkeit, der Kommunikationsfreude und der Reaktionsfähigkeit, Förderung der Wahrnehmung, des sprachlichen Ausdrucks, der Sensibilität, der Kooperationsfähigkeit, der Geschicklichkeit, der Freude am und Sicherheit im Kombinieren.

Mathematik mit allen Sinnen erleben – die „Koch-Spiele" bieten das beste Beispiel dafür: Immer häufiger werden Lebensmittel in der Schule zum Zwecke des vernetzten Lernens (fächerübergreifendes Lernen) verwendet. Das Einkaufen fordert unser Organisationstalent, das Planen und Berechnen eines Budgets und das selbstsichere Verhalten in Einkaufssituationen. Wir betrachten die Verpackung (Form, Volumen, Material), lesen den Verpackungstext, bekommen Informationen

über Gewicht, Mengen, Ablaufdatum usw. Wir stellen eine Beziehung zwischen Verpackung und Inhalt her (Brutto, Netto, Tara) – nicht selten stehen Verpackung und Inhalt in einem ungünstigen Gewichts- und Volumensverhältnis zueinander. Lebensmittel sprechen unsere Sinne an: Wir erfassen sie mit den Augen, den Händen, mit der Nase und der Zunge.
Das Verarbeiten der Lebensmittel entspricht dem kindlichen Bedürfnis nach handelndem Lernen (Schneiden, Rühren, Vermischen ...). Mit Interesse beobachten Kinder die Veränderung der Lebensmittel durch Kochen, Braten, Trocknen ... All diese Tätigkeiten bedeuten für die Schüler forschendes Tun.
Mathematik ist vernetzt mit unserem Alltag. Sie läßt sich schwer daraus herauslösen. Jedes Thema, jedes Kapitel, jedes Spiel, jede Rechnung in diesem Buch ist vielfältig mit Mengen, Zahlen, Alltagssituationen, Maßen, Beobachtungen und Tätigkeiten verbunden.
Die Zuordnung der einzelnen Spiele zu bestimmten Kapiteln mußte daher manchmal willkürlich geschehen, ein großer Teil der Spiele würde sich fast allen Kapiteln zuordnen lassen – mit einem einzigen Spiel erreichen wir vielfältige Lernziele. So ist genaugenommen jedes unserer Spiele ein Spiel mit „Mengenwahrnehmung" und auch mit „Interaktion". Alle Spiele haben etwas mit Zahlen zu tun, immer beobachten wir aufmerksam und beginnen zu schätzen, zu rechnen und zu vergleichen.
Eine Hilfe zum Zurechtfinden bei der Auswahl von Spielen bieten die Angabe von Zielen bei jeder Spielbeschreibung und das umfangreiche Stichwortverzeichnis am Ende des Buches.
Somit glauben wir, mit unserem Buch einen wertvollen Beitrag zum ganzheitlichen Lernen und folglich zur Verknüpfung der Mathematik mit allen anderen Lebensbereichen und Unterrichtsgegenständen leisten zu können.

1. Mengen wahrnehmen

1.1 Fingerwerfen

Ziele:

▪ Mengen erfassen ▪ Optische Wahrnehmung ▪ Reaktion

Spielvorschläge:

Die Spieler sitzen im Kreis. Der erste zeigt seinem linken Nachbarn eine Anzahl von Fingern (z. B. 3 Finger). Der linke Nachbar spiegelt diese Anzahl, indem er ebenfalls drei Finger zeigt, „gräbt“ dann diese Finger ein (macht eine Faust) und zeigt nun seinerseits seinem linken Nachbarn eine neue Anzahl von Fingern. Dieser spiegelt diese Anzahl, gräbt ein, wirft eine neue Anzahl. Dieses Spiel kann auch partnerweise (gegenübersitzend) gespielt werden.

1.2 Gemurmelt

Ziele:

▪ Mengen erfassen ▪ Optische und akustische Wahrnehmung ▪ Konzentration ▪ Zählen ▪ Addieren ▪ Ergänzen

Vorbereitungen:

Ausreichend Murmeln (Holzkugeln), Gefäße, Notizblock und Bleistift

Spielvorschläge:

Der Spielleiter läßt in rascher Folge Murmeln in ein Gefäß fallen. Die Schüler versuchen zu zählen und schreiben die geschätzte Anzahl auf. Zum Schluß werden die Murmeln gezählt und die Ergebnisse verglichen. Wer ist der tatsächlichen Anzahl am nächsten gekommen?

Varianten:

- Der Spielleiter läßt die Murmeln – in mehreren „Durchgängen“ – nacheinander in vier verschiedene Gefäße (Blechschüssel, Porzellanschale, Plastikdose, Holzschüssel) fallen. Die Schüler zählen mit, schreiben die Zahlen auf und addieren sie dann. Wieder werden die Murmeln gezählt und die Ergebnisse verglichen.
- Dasselbe wird paarweise gespielt, und man errechnet nach fünf (zehn) Durchgängen die Abweichungen der wahrgenommenen von den tatsächlichen Mengen.
- Eine Zahl wird vereinbart (10, 15, 20). Ein Partner läßt einzelne Murmeln möglichst schnell hintereinander in ein Gefäß fallen, bis sein Mitspieler STOP ruft. Es gilt, möglichst nahe an die vereinbarte Zahl heranzukommen.
- Spieler A sagt „Acht!“, greift in den Sack und versucht, mit einem Griff acht Murmeln zu fassen. Spieler B macht es ihm nach, wer kommt der vereinbarten Menge näher?
- Spieler A drückt B eine Anzahl Murmeln in die Hand, die dieser blind und ohne Verwendung der zweiten Hand zählen soll. Dabei muß er die Murmeln in der Hand behalten. Es wird gewechselt, und nach mehreren Runden werden die Abweichungen addiert und verglichen.
- Der Spielleiter zeigt den Schülern nur 5 Sekunden lang eine Glasschüssel mit einer Anzahl Murmeln. Die Schüler schätzen und schreiben die geschätzte Zahl auf. Wieder können mehrere Durchgänge folgen und die Abweichungen addiert werden.
- Dasselbe Spiel wird mit zwei Gruppen im Wettstreit gespielt, wobei sich jede Gruppe auf eine Zahl einigen muß.
- Spieler A hat 10 (9, 13 …) Murmeln und verteilt sie – für B nicht zu sehen – auf seine beiden Hände. Er hält nun seinem Partner die geschlossenen Fäuste hin und fragt: „Wie viele Kugeln sind links, wie viele rechts?“ B beobachtet die Fäuste genau und schätzt die Zahlen – die Gesamtzahl kennt er ja!

1.3 Wie viele Schritte?

ZIELE:

■ Mengen spüren, hören, beobachten ■ Kopfrechnen: Addieren und Subtrahieren ■ Partnerarbeit

SPIELVORSCHLÄGE:

Ein Spieler stellt sich vor, auf seinem Rücken krabbelt ein Tier. Es macht 12 Schritte hinauf – man muß ganz genau aufpassen, damit man die Anzahl der Schritte spürt, die der Partner mit seinen Fingern auf dem Rücken geht. Dann krabbelt das Tier wieder 5 Schritte hinunter. Daraus ergibt sich eine Subtraktion: 12 Schritte minus 5 Schritte ergibt 7 Schritte. Eine Addition ergibt sich, wenn das Tier mehrere Körperteile hinaufkrabbelt.

Varianten:
- Mit geschlossenen Augen werden die hörbaren Schritte des Spielpartners in die eine Richtung des Raumes (plus) und in die andere Richtung (minus) vernommen und subtrahiert.
- Die Schritte gehen auf dem Xylophon die Tonleiter hinauf und hinunter.
- Einige Spieler beobachten die anderen bei einem Kreistanz. Sie erfinden Rechnungen zu den beobachteten Schrittkombinationen: 8 Schritte nach links, 1 Schritt nach hinten, weitere 16 Schritte nach links und weitere 2 Schritte nach hinten, ergibt 24 Schritte nach links und 3 Schritte nach hinten. Bei 4 Wiederholungen ergibt das ...

1.4 Zahlwörter und Mengen

ZIELE:

■ Bewußte Verbindung von Sprache und Mathematik ■ Mengenbegriffe ■ Interaktion ■ Soziales Lernen

VORBEREITUNGEN:

Musik, Murmeln

SPIELVORSCHLÄGE:

Alle Spieler bewegen sich zu Musik. Beim Stoppen der Musik zeigt der Spielleiter ein Kärtchen mit einem unbestimmten Zahlwort (einige, viele, mehrere, alle ...), und die Großgruppe formiert sich dem Auftrag entsprechend. Jeder Spieler hat am Beginn des Spieles 10 Murmeln. Nun wird gewürfelt, mit einem Würfel, der auf seinen sechs Seiten folgende Aufschriften trägt: wenige, einige, mehrere, viele, alle, keine. Reihum wird gewürfelt. Jeder Spieler entscheidet selber, wem er wie viele Murmeln gibt – dem Rahmen der Würfelaufschrift entsprechend. (Allerdings mag bei dem einen Spieler „einige“ etwas anderes bedeuten als beim anderen Spieler.) Zu Beginn muß eine Regel erfunden werden, die das Spielende festlegt bzw. klärt ob – und unter welchen Bedingungen – es einen Sieger gibt.

1.5 Hinter dem Rücken

ZIELE:

■ Maße ■ Mengen ■ Ziffern ■ Formen ■ Geld und geometrische Formen ertasten ■ Schätzen und Addieren

VORBEREITUNGEN:

Gewichte, Bausteine, Holzziffern, verschieden lange Stäbe, geometrische Figuren und Körper

SPIELVORSCHLÄGE:

Im Sesselkreis halten alle Spieler ihre Hände hinter dem Rücken. Der erste Spieler gibt einen Gegenstand aus einem Bereich an den nächsten Spieler hinter dem Rücken weiter, ohne daß jemand den Gegenstand sehen kann. Der zweite Spieler betastet hinter seinem Rücken den Gegenstand und flüstert dem ersten Spieler sein Ergebnis ins Ohr (z. B.: „Das ist ein Halbkilogewicht“). Der erste Spieler nickt oder schüttelt den Kopf. Nun gibt der zweite Spieler das Gewicht an den dritten weiter.

Dieser muß nun dem zweiten sein Ergebnis ins Ohr flüstern. So wandern mehrere ähnliche Gegenstände hinter dem Rücken im Kreis. Wer kann zum Schluß noch alle Gegenstände aufzählen? Wer kann den Wert aller Gegenstände addieren (z. B.: Gesamtgewicht)?

Variante:

- Hinter dem Rücken eines Spielers werden Geräusche mit verschiedenen Gegenständen gemacht. Was war das? Beispiel für 10 Gegenstände:
  kg-Gewicht, Lineal, Maßband, Uhr, dag-Gewicht, Groschen, Silbertaler, Kugel, Würfel, Kalender

1.6 Woran denkst du?

ZIELE:

- Optische Wahrnehmung - Mengen simultan erfassen

VORBEREITUNGEN:

Memory-Kärtchen (Bildkärtchen), Bilderbücher

SPIELVORSCHLÄGE:

Brainstorming im Sitzkreis:
Der Spielleiter fragt: „Woran denkt ihr bei der Zahl 2?" „An meine Ohren!" „An Zwillinge!" „An mein Fahrrad!"... Das macht man auch mit anderen Zahlen. Zu welcher Zahl fällt den Schülern am meisten ein?

Beispiele für mögliche Mengenassoziationen:
2 – Augen, Zwillinge, Eisschuhe
3 – Dreirad, Dreieck, Besteck (Messer, Gabel, Löffel)
4 – Tischbeine, Quartett, Autoreifen
5 – Ahornblatt, Finger, Nicht genügend
6 – Insektenbeine, Würfel, Bienenwaben
Paare spielen mit Memory-Kärtchen:
Die Kärtchen werden nacheinander aufgedeckt. Wer zuerst eine assoziierbare Zahl nennen und mit dem Bild in Zusammenhang bringen kann, dem gehört das Kärtchen.

Variante:

- Die Gruppe spielt: Die Memory-Kärtchen werden mit der Bildseite nach unten auf dem Tisch (Boden) aufgelegt. Einer würfelt: „Fünf!" Reihum decken nun die Spieler Kärtchen auf. Ist die Menge (5) auf dem Bild zu finden, nimmt der Spieler das Kärtchen.

Bilderbuch:
Paare spielen: Die erste Seite im Buch wird aufgeschlagen. Wer eine bestimmte Menge entdeckt, ruft die Zahl und sagt, wo er sie auf dem Bild sehen kann. Dafür gibt es einen Punkt. Umblättern und weitersuchen!

Beispiel:
Spieler A ruft: „Vier! Auf dem Bild ist ein Auto, es hat 4 Räder.“ Es kann aber auch sein, daß Spieler B sagt: „Ich kann aber 2 Autos sehen, also 8 Räder!“ Der Punkt wird Spieler B zugesprochen.

Variante:
- Bevor eine Seite aufgeschlagen wird, würfelt man und sucht Mengen, die der Augenzahl entsprechen. Beispiel: Es wurde 4 gewürfelt. Die Seite wird aufgeschlagen. Spieler B ruft: „Acker! Der Acker hat vier Ecken!“

1.7 Fingerwaage

Ziele:

- Addieren - Ergänzen auf 10 - Schwerer und Leichter - Größer und Kleiner - Gleichgewicht

Vorbereitungen:

Balkenwaage, Spielwürfel

Spielvorschläge:

Zwei Spieler haben ihre Fäuste auf den Schalen einer Balkenwaage liegen, wobei der Waagbalken anfangs waagrecht stehen soll. Ein dritter Spieler, der „Würfler“, würfelt nun. Die gewürfelte Augenzahl zeigt nun der erste Spieler mit seinen Fingern, wobei die Hände noch immer auf den Waagschalen liegen. Nun wird für den anderen Spieler gewürfelt, der nun seinerseits diese Anzahl von Fingern zeigt. Die nächsten Würfe werden bei jedem Spieler dazugezählt, wobei sich die Waagschale immer dorthin neigt, wo mehr Finger auf der Waagschale liegen. Überschreitet ein Spieler die Zahl 10, beginnt er wieder bei Null. Ist die Waage im Gleichgewicht, wird der Spieler, der gerade an der Reihe war, durch den Würfler ersetzt und wird nun selber zum Würfler. Erreicht ein Spieler genau die Zahl 10, bekommt er einen Punkt.

Variante:
- Dieses Spiel kann auch mit verschiedenen Gegenständen, die gleich schwer sind, gespielt werden (Murmeln, Bauklötze ...).

1.8 Konfetti

Ziele:

- Mengenwahrnehmung - Mengen schätzen - Geometrische Formen einprägen

Vorbereitungen:

Konfetti-Packungen, Karton

Spielvorschläge:

Die Gruppenmitglieder bewerfen einander gegenseitig mit Konfetti. Danach wird geschätzt, wer wohl am meisten „Papier auf dem Kopf“ hat. Man zählt die Konfetti-Blättchen auf zwei Köpfen: auf jenem mit der höchsten und jenem mit der niedrigsten geschätzten Zahl. Jetzt läßt sich leicht ein Mittelwert ausrechnen.

Jeder Schüler erhält einen Karton in der Größe von 1 dm^2. Ein Mitspieler wirft Konfetti in den Raum. Die Spieler versuchen, mit ihrem Kartonquadrat möglichst viele Blättchen aufzufangen. Wer hat die meisten Blättchen aufgefangen? Wieder wird ein Mittelwert errechnet.

Es werden zwei Gruppen gebildet. Vor jeder Gruppe liegt ein weißer Karton auf dem Boden (Tischgröße). Jede Gruppe erhält ein Päckchen Konfetti. Der Spielleiter ruft dann z. B.: „Dreieck!“ Jetzt muß jede Gruppe mit ihren Konfetti-Blättchen auf dem Karton ein Dreieck bilden: Aus dem Stand lassen die Spieler die Blättchen auf den Karton segeln. Da heißt es haushalten mit den Blättchen, denn jeder Spieler muß drankommen!

1.9 Geld wechseln

ZIELE:

■ Geld wechseln ■ Geld zählen ■ Münzen zusammenfassen ■ Geldbeträge zerlegen ■ Sicherheit im Zahlenraum bis 100 ■ Zahlen und Geldbeträge zuordnen ■ Akustische und taktile Wahrnehmung

VORBEREITUNGEN:

Geldsack mit Münzen (öS 1, öS 5, öS 10), Notizblock, Orff-Instrumente

SPIELVORSCHLÄGE:

Jeder Spieler greift blind in den Geldsack mit Münzen, zählt für sich das Geld und schreibt die Summe auf einen Zettel. Alle Zettel werden gemischt und in die Mitte des Sesselkreises gelegt. Nun klatscht jeder Spieler seine Geldsumme folgendermaßen: 10 S = in beide Hände klatschen, 5 S = mit einer Hand auf den Oberschenkel klatschen, 1 S = einmal schnippen. Beispiel: 48 S: 4mal in beide Hände klatschen plus 1mal auf den Oberschenkel klatschen plus 3mal schnippen.

Varianten:
- Orff-Instrumente: Pauke = 10 S, Schellentrommel = 5 S, Triangel = 1 S.
- Es werden Beträge geklatscht, und der „Bankier" gibt dem Spieler das gewünschte Geld.
- Auf dem Rücken eines Partners werden die Zehner durch Berührung mit zwei Händen, die Fünfer durch Berührung mit einer Hand und die Einer durch Klopfen mit einem Finger dargestellt.
  Die Mitspieler suchen den entsprechenden Zettel.

1.10 Fruchtsalat

ZIELE:

■ Mengen schätzen, berechnen und teilen

VORBEREITUNGEN:

Früchte, Schüsseln, Waage

SPIELVORSCHLÄGE:

Der gemeinsam in der Klassenküche zubereitete Fruchtsalat kommt in eine große Glasschüssel. Jeder Schüler hat sich die Stückzahl seiner Beigaben notiert. Die Glasschüssel steht auf dem Tisch: Wie viele Trauben, Apfelspalten, Rosinen, Bananenscheiben ... befinden sich schätzungsweise in der Schüssel? (Vergleich mit den notierten Werten!) Der Fruchtsalat wird nun auf kleine Schüsseln verteilt. Wie groß müßten die Teilmengen sein? Wie schwer müßten die kleinen Portionen bei gleichmäßiger Verteilung sein?

1.11 Semmelschmaus

ZIELE:

■ Gewichtsvergleiche ■ Vielfache von 5 ■ Mengen schätzen und teilen ■ Akustische Wahrnehmung ■ Bruchzahlen

VORBEREITUNGEN:

Semmeln, Gewichte

SPIELVORSCHLÄGE:

Im Sesselkreis werden eine Semmel und anschließend Gewichte mit 5 dag, 10 dag und 20 dag herumgereicht. Welches Gewicht kommt dem der Semmel am nächsten? Wer kann sich erinnern: Wie viele Riegel hat eine Semmel? Wie viele Semmeln (Riegel) brauchen wir für die ganze Klasse? Wie viele Schüler können von einer Semmel abbeißen, bis sie weg ist? Wie oft kann bei möglichst kleinen Bissen abgebissen werden?
Schneidet die Semmel in Viertel, Achtel ...!
Schneidet drei Semmeln auf verschiedene Arten mehrmals durch und fügt diese „Puzzleteile" dann wieder richtig zusammen! Schließt die Augen! Der Spielleiter wird nun eine Semmel mehrmals durchschneiden. Achtet auf das Schneidegeräusch! In wie viele Teile wurde sie zerschnitten?

2. Ziffern- und Zahlenspielereien

2.1 Ziffern stellen

ZIELE:

▪ Optische Wahrnehmung ▪ Kopfrechnen ▪ Logische Reihen bilden

VORBEREITUNGEN:

Gemeinsam sucht man Möglichkeiten, Ziffern mit dem Körper darzustellen, und man einigt sich auf je eine Form. Von jeder Darstellungsform wird als Gedächtnisstütze eine Zeichnung angefertigt.

SPIELVORSCHLÄGE:

Zwei Gruppen stehen sich gegenüber. Jeder Spieler nimmt sich eine Ziffer vor, die er darstellen wird. Gruppe A beginnt: Einer ihrer Spieler ruft: „Wegschauen!“ (Gruppe B dreht sich um.) Schnell begeben sich die Spieler der Gruppe A in Position. „Herschauen!“ Nach zehn Sekunden heißt es wieder „Wegschauen!“ Jetzt löst Gruppe A ihre Positionen auf. Gruppe B notiert schnell alle dargestellten Ziffern, einer liest sie vor. Stimmen alle? Wie groß ist die Ziffernsumme? Dann wird gewechselt.

Zwei Spieler gehen vor die Tür. Man einigt sich auf eine Einmaleinsreihe. Drei Zahlen dieser Reihe werden von den Spielern dargestellt (auch zweistellige!). Welcher der beiden Spieler, die jetzt hereinkommen, findet die Reihe zuerst heraus?

Gruppe A stellt ein Rechensätzchen dar. (Minus: 1 Spieler liegt auf dem Rücken, Arme angelegt. Plus: Ein Spieler steht mit waagrecht ausgestreckten Armen da. Mal: Ein Spieler bildet auf dem Boden liegend ein X.) Wieder heißt es:„Wegschauen!“ und „Herschauen!“ Die Spieler der Gruppe B versuchen paarweise, das Ergebnis möglichst schnell darzustellen.

Paare: Das erste Paar stellt eine zweistellige Zahl. Das zweite Paar addiert eine Zahl unter zehn und stellt die Summe. Jetzt muß das erste Paar dieselbe Zahl addieren und die Summe darstellen. Wieder ist Paar 2 an der Reihe, und das geht bis zur letzten Zahl unter 100. Wer den Hunderter überschreiten muß, hat verloren!

2.2 Zahlenraum

ZIELE:

▪ Stellenwertbestimmung ▪ Zahlenfolgen ▪ Größer/Kleiner

VORBEREITUNGEN:

Auf Packpapier wird ein Diagramm von neun Spalten (A, B, C, D, E, F, G, H, I) und fünf Zeilen (rot, blau, gelb, grün, orange) gezeichnet, wobei jedes Feld etwa 10 x 10 cm groß sein soll.
Die Zahl soll jeweils auf der Vorder- und Rückseite des Kärtchens stehen. Für jede Ziffer von 1 bis 9 werden je fünf Kärtchen von der Größe 5 x 5 cm hergestellt.

SPIELVORSCHLÄGE:

Die Kärtchen werden nun gemischt und wahllos auf den 45 Feldern des Packpapiers aufgelegt. Nun können Aufgaben gestellt werden, die im Sesselkreis oder in der Kleingruppe oder in Partnerarbeit gelöst werden können.
Beispiele für Aufgaben:
- Sucht zweistellige Zahlen, bei denen die Einerziffer größer ist als die Zehnerziffer.
- Sucht Ziffernfolgen.
- Sucht Siebzigerzahlen.
- Sucht dreistellige Zahlen mit drei Hundertern.
- Wer findet die größte Hunderterzahl?

Variante:
- Man mischt die Kärtchen und läßt sie auf das Packpapier „regnen". Ziffern, die nun so am Packpapier zu liegen kommen, daß sie einander berühren, bilden miteinander eine Zahl. Welche Zahlen findet ihr? Welche ist die größte Zahl? Welche ist die kleinste zweistellige Zahl?

2.3 Ziffernsummenspiel

ZIELE:

■ Sicherheit im Zahlenraum und bei der Zehnerüberschreitung ■ Addieren ■ Förderung der Rechengeläufigkeit und des Rechentempos

VORBEREITUNGEN:

Telefonbücher, Kärtchen mit Telefonnummern.
Nachdem geklärt wurde, wie man die Ziffernsumme errechnet, kann die erste Runde beginnen.

SPIELVORSCHLÄGE:

Wer hat die höchste (niedrigste) Ziffernsumme bei seiner Telefonnummer? (Wer kein Telefon hat, nimmt die Nummer eines Verwandten.) Wie viele Mitspieler haben die gleiche Ziffernsumme?

Variante:
- Jeder Mitspieler hat irgendeine Seite eines Telefonbuches aufgeschlagen. Langsam fährt er mit dem Finger die erste Spalte herunter. Bei STOP hält er an und errechnet die Ziffernsumme der erreichten Telefonnummer. Wer die höchste hat, erhält einen Punkt!

Die Kärtchen mit den Telefonnummern werden ausgeteilt. Dazu erhält jeder Mitspieler drei Zahnstocher (Murmeln ...), die stellen sein „Spielkapital" dar. Jetzt wird die Ziffernsumme errechnet. Wer glaubt, die höchste Ziffernsumme zu haben, setzt einen Zahnstocher, den er in die Mitte legt. So können einige Zahnstocher gesetzt werden, denn keiner kennt die Ziffernsummen der Mitspieler! Jeder von denen, die gesetzt haben, nennt seine Ziffernsumme und belegt sie mit seinem Kärtchen. Der Mitspieler, der die höchste Summe belegen kann, darf sämtliche Zahnstocher nehmen. Danach werden die Kärtchen wieder gemischt und verteilt. Die zweite Runde kann beginnen! Wer alle Zahnstocher verloren hat, spielt weiterhin als „Gast" mit.
Bei Gelegenheit spielt man ein Ziffernsummenspiel mit Autokennzeichen: Wer entdeckt jenes mit der höchsten Summe? Wer kann die Summe schneller errechnen?

2.4 Buchstabenzählspiel

ZIELE:

■ Mengen simultan erfassen ■ Schätzen

VORBEREITUNGEN:

Landkarten, verschiedene Texte

SPIELVORSCHLÄGE:

Im Sitzkreis: Wer hat den Vornamen (Familiennamen) mit den meisten (wenigsten) Buchstaben? Wer erzielt die höchste Summe, nimmt er die Buchstaben beider Namen zusammen? Jetzt nehmen wir noch die Adresse dazu!

Varianten:
- Gruppen (Paare) sammeln Vornamen mit drei (vier, fünf) Buchstaben.
- Auf Landkarten werden Ortsbezeichnungen mit drei Buchstaben gesucht.
- Rekordversuche folgen: Wer findet das Wort mit den meisten Buchstaben? (Zusammengesetzte Wörter sind ausgenommen!)
- Wer kann innerhalb von zehn Sekunden die meisten Wörter mit zwei Buchstaben nennen?
- „Zahlenforscher" suchen nach anderen Regeln: gerade, ungerade Buchstabenzahlen, gleiche Buchstabenzahl bei Vor- und Familiennamen, ...

- Platzwechselspiele: Alle wechseln den Platz, die einen Vornamen mit vier Buchstaben haben, die eine ungerade Buchstabenzahl im Familiennamen haben ...

2.5 Meine Lieblingszahl

ZIELE:

- Phantasie
- Assoziationen zu Zahlen
- Zahlen nach Regeln ordnen

VORBEREITUNGEN:

Die Schüler erhalten den Auftrag, sich Gedanken zu machen, welche Zahl ihre Lieblingszahl ist und warum. Diese Gedanken schreiben sie dann in einem Satz auf („Meine Lieblingszahl ist 7, weil der 7. Tag in der Woche der Sonntag ist").

SPIELVORSCHLÄGE:

Im Sitzkreis stellen sie dann ihre Lieblingszahl vor. Dabei heißt es für die Mitspieler aufmerksam zuhören! Die Zettel mit den Sätzen zur Lieblingszahl werden gemischt und verteilt. Die Spieler lesen aufmerksam, und einer beginnt etwa so: „Lieber Manfred! Ich schenke dir 7 Glückwünsche, weil Du den Sonntag so gerne hast!"

Variante:

- Im Sitzkreis: Der Spielleiter hat die Zettel mit den Lieblingszahlen gesammelt und liest das erste Stichwort vor (z. B.: „Sonntag!"). Wer zuerst weiß, zu welchem Mitspieler dieses Stichwort gehört, reicht ihm die Hand. War es der richtige Mitspieler, darf er das nächste Stichwort vorlesen.

Zwei Gruppen werden gebildet. Sie erhalten den Auftrag, die Lieblingszahlen aller Mitspieler nach einer selbst gewählten Regel (von der kleinsten bis zur größten Zahl, symmetrisch, nach geraden und ungeraden Zahlen getrennt ...) zu ordnen. Die Gruppenmitglieder stellen sich entsprechend auf, rufen ihre Zahlen, und die andere Gruppe versucht, die Regel herauszufinden.

Wieder zwei Gruppen: Sie sollen ihre Sätze, die sie zu den Lieblingszahlen aufgeschrieben haben, möglichst geschickt zu einer „Lieblingszahlengeschichte" verknüpfen.

2.6 Telefonnummern-Paare

ZIELE:

- Mehrstellige Zahlen zerlegen und zusammenfügen
- Blickspanne

VORBEREITUNGEN:

Kärtchen mit Telefonnummern (siehe Kopiervorlage!)

SPIELVORSCHLÄGE:

Zwei Gruppen: Jeder Spieler erhält eine Karte, auf der eine Telefonnummer notiert ist. Je ein Spieler der anderen Gruppe hat dieselbe Nummer auf seinem Kärtchen stehen, allerdings in einer unterschiedlichen Form: A: 389 473, B: 38 94 73. Die Spieler rufen nun auf ein Zeichen ihre Telefonnummer so aus, wie sie auf dem Kärtchen steht: A: 389-473, B: 38-94-73. Die Paare sollen einander möglichst schnell finden!

Varianten:

- Eine Gruppe bleibt stumm, die anderen Spieler rufen ihre Telefonnummer so lange gleichzeitig in verschiedenen Formen aus, bis sich endlich ihr Partner melden – er meldet sich nämlich nur, wenn die Nummer entsprechend jener auf seinem Kärtchen ausgerufen wird!

- Die Spieler der beiden Gruppen treten aufeinander zu und fragen: A: 389-473? B: 56-73-29? – so lange, bis jeder seinen Partner gefunden hat.

Das Spiel eignet sich vortrefflich für ein Memory (siehe Kopiervorlage!).

2.7 Zahlendetektive

ZIELE:

- Sicherheit im Zahlenraum
- Kommunikation
- Phantasie

VORBEREITUNGEN:

Auf Kärtchen stehen Zahlen – je nach Schulstufe verschieden – bis 20, 30 oder 100.

SPIELVORSCHLÄGE:

Diese Zahlenkarten werden den Schülern so auf den Rücken geklebt, daß sie diese nicht sehen können. Mit der Bitte „Können Sie mir helfen? Ich suche eine bestimmte Zahl!“ treten Sie an ihre Mitschüler heran. Diese geben umschreibende Antworten. Beispiel: 50: Sie sind zehnmal so groß wie die schlechteste Note. Oder: Ihre Zahl ist nur um 1 größer als das Siebenfache von sieben. Es wird so lange gefragt, bis der Schüler die Zahl gefunden hat. Zur Kontrolle fragt er den Spielleiter, der ihm dann die Karte abnimmt – und eine neue anheftet. Wie schwierig die Antworten ausfallen, das ergibt sich von selbst.
Hinweis:
Bei Wiederholungen wird das Spiel immer spannender, weil sich die Mitspieler immer schwierigere Antworten ausdenken.

2.8 Dart-Zahlen-Geo-Spiele

ZIELE:

- Sicherheit im Zahlenraum, im Einmaleins
- Phantasie
- Geometrische Formen erkennen
- Addieren

VORBEREITUNGEN:

Dart-Spiel

SPIELVORSCHLÄGE:

Jeder Spieler erhält drei Pfeile, wirft und versucht, mit den geworfenen Zahlen mittels Addition und Multiplikation eine möglichst hohe Zahl zu errechnen.
Beispiel: 2, 5, 9: 2 plus 5 mal 9 = 63

Jeder Spieler hat vier Pfeile und interpretiert das erzielte „Wurfbild“ als geometrische Form, wobei Regeln erfunden und variiert werden können. Z. B.: Man hat zwei (drei) Versuche; man einigt sich auf bestimmte geometrische Formen …

2.9 Klatsch 3 und 2!

ZIELE:

- Kopfrechnen
- Zahlen in mehrere Summanden zerlegen
- Akustische Wahrnehmung
- Einsatz aller Sinne beim Addieren

VORBEREITUNGEN:

Orff-Instrumente

SPIELVORSCHLÄGE:

Die Zahlen von 2 bis 20 können mittels geklatschter Dreier- und Zweiermengen dargestellt werden, wobei so oft wie möglich der Dreier verwendet werden soll.

Beispiele: 2: 2 x klatschen
3: 3 x klatschen
4: 2 x klatschen plus 2 x klatschen
5: 3 x klatschen plus 2 x klatschen
6: 3 x klatschen plus 3 x klatschen
7: 3 x klatschen plus 2 x klatschen plus 2 x klatschen

Variante:
- Alle klatschen gemeinsam, ein Spielleiter leitet mit Hilfe eines Orff-Instruments.

Klatsch-Additionskonzerte: Alle Spieler haben Orff-Instrumente. Alle spielen die gleichen Zahlen oder jeder eine von ihm gewählte Zahl. Welche Zahlenrhythmen passen zusammen?

Varianten:
- Mit Orff-Instrumenten werden die Zahlen von der Zahl 2 beginnend in der richtigen Reihenfolge aufsteigend reihum gespielt.
- Die Schüler spielen einander Zahlenrätsel vor.

Pantomimisches Klatschen: Raten, welche Zahl der „Pantomime" geklatscht hat. Dreier- und Zweierkombinationen taktil erfassen: Welche Zahl hat der Partner auf meinem Rücken mit Dreier- und Zweierkombinationen geklopft? Auch größere zweistellige Zahlen können geklatscht werden: Zehner und Einer getrennt („und"): Beispiel: 74 = 2 x 3, 1 x 1 und 1 x 3, 1 x 1

2.10 Ziffern und Zahlen im Wald

Ziele:

- Optische Wahrnehmung - Zahlen den Gegenständen nach ihrer Form zuordnen

Vorbereitungen:

Ein altes Leintuch als Unterlage

Spielvorschläge:

Gruppe A legt in einem kleinen Waldstück mit Naturmaterialien Ziffernformen von 0 bis 9 aus. Gruppe B sucht die Ziffern und führt dann Gruppe A (in der richtigen Reihenfolge) hin.

Varianten:
- Gruppe A hat für jede Ziffer bewußt bestimmte Naturmaterialien gewählt, und Gruppe B versucht, dies zu ergründen. („Ich glaube, für die Ziffer 2 habt ihr den Ahornsamen genommen, weil er 2 Flügel hat."...)
- Jeder Schüler entscheidet sich für eine Zahl von 1 bis 10. Im Wald sucht er dann Gegenstände, die er mit der gewählten Zahl in Verbindung bringen kann. Nach einer gewissen Zeit sammelt man sich am Waldrand und legt die Gegenstände auf das Leintuch. Jetzt erklärt jeder, warum er diese Gegenstände gewählt hat. Beispiele: „Ich habe das Ahornblatt genommen, weil es fünffingrige Blätter hat." (Er hatte 5 gewählt.) „Ich habe diesen Stein genommen, weil er sechseckig ist." Wer hatte es leichter bei seiner Suche? Welche Zahlen kommen in der Natur häufiger vor?

2.11 Durch das Zahlenlabyrinth

Ziele:

- Gesetzmäßigkeiten erkennen - Phantasie - Logisches Denken

Vorbereitungen:

Kopien für jeden Schüler (siehe Kopiervorlage!)

Spielvorschläge:

Jeder Schüler erhält ein Blatt, beschrieben mit ungeordneten Zahlen (Muster!). Nachdem er dieses Blatt ausführlich betrachtet hat, überlegt er sich, nach welchem

„Plan“ er durch diesen Zahlendschungel kommen könnte. Im Sitzkreis stellen die Schüler ihre „Wege“ durch diesen Dschungel vor.
Beispiel: Ein Spieler wählt den „Weg der geraden Zahlen“, ein anderer jenen Weg der Zahlen aus einer bestimmten Einmaleinsreihe …

Varianten:
- Es wird paarweise gespielt. Die Partner erhalten dasselbe Blatt und suchen – wieder nach einer bestimmten Regel (z. B. Zahlen zwischen 3 und 7) – ihren Weg durch den Dschungel.
- Ein Spieler legt dem Partner (der Gruppe) seinen Weg vor, und diese(r) rät, nach welchem „Plan“ er den Dschungel durchquert hat.

2.12 Wohlgemerkt!

ZIELE:

- Merkfähigkeit
- Konzentration

VORBEREITUNGEN:

Zahlenkärtchen – für jeden Mitspieler eines

SPIELVORSCHLÄGE:

Im Sitzkreis: Jeder Mitspieler erhält vom Spielleiter ein Zahlenkärtchen. Für jeden Spieler denkt er sich ein einfaches Rechensätzchen aus.
Beispiel: 9 minus 4 gleich 5. (Die Zahl sollte das Ergebnis des Rechensätzchens bilden!) Reihum „verkündet“ nun jeder Mitspieler seine „mathematische Erkenntnis“. (Er wiederholt das Rechensätzchen, das zu seiner Karte gehört.) Es wird empfohlen, aufmerksam zuzuhören!

Varianten:
- Ein Spieler mit besonders gutem Gedächtnis beginnt jetzt, den Mitspielern ihre Zahl zuzuordnen – die Rechensätzchen können ihm dabei als Gedächtnisstütze dienen. Wie viele Zahlen kann er richtig zuordnen? Der nächste Gedächtniskünstler ist an der Reihe! (Um es denen, die später an die Reihe kommen, nicht allzu leicht zu machen, kann man zwischendurch die Plätze tauschen!)
- Die Spieler erhalten alle zweistellige Zahlen zugeordnet – das ist der nächste „Schwierigkeitsgrad“!

Alle Spieler halten für eine halbe Minute ihre Kärtchen gut sichtbar in die Höhe. Wer hat sich alle Zahlen gemerkt und kann sie auch zuordnen?

2.13 Buchrechnen

ZIELE:

- Vernetzung von Deutsch- und Mathematikunterricht
- Alle Grundrechnungsarten

VORBEREITUNGEN:

Wörterbücher, Lesetexte

SPIELVORSCHLÄGE:

Wörterbuchrechnen:
Der Spielleiter gibt ein Wort vor, das im Wörterbuch von den Schülern gesucht werden soll.
Wer das Wort gefunden hat, notiert die entsprechende Seitenzahl des Wörterbuchs und zählt nach, das wievielte Wort auf dieser Seite es ist. Diese beiden Zahlen werden nun addiert und ergeben die Kontrollzahl.

Varianten:
- Werden mehrere Suchaufträge gegeben, werden alle Kontrollzahlen zum Schluß addiert, sie ergeben die Endzahl.
- Die kleinere der beiden Zahlen wird immer von der größeren subtrahiert, und das ergibt nun die Kontrollzahl. Beispiel: Seitenzahl 25 minus Wortzahl 13 ergibt 12.
- Seitenzahl und Wortzahl werden multipliziert.
- Die Endzahl wird durch die Wortanzahl geteilt.
- Macht Wörterbuchrechnungen
  - mit eurem Lieblingstier.
  - mit eurer Lieblingsspeise/Lieblingssportart/Lieblingsfarbe.

Rechen-Lese-Rätsel:
Bei diesem Spiel müssen in Lesetexten die Buchstaben der Wörter einer Zeile zusammengezählt werden.
Beispiel:
Suche im Lesebuch auf Seite 23 jene Zeile, für die gilt: 3 + 4 + 5 + 2 + 8 = 22.
Lösung:
Es ist die Zeile „Das (3) Haus (4) steht (5) am (2) Waldrand (8)“.

2.14 Kastanienzahlen

ZIELE:

▩ Grobes Teilen ▩ Mengen schätzen ▩ Mengen und Zahlen zuordnen ▩ den Zahlenraum bis 100 festigen ▩ Kooperatives Mengenbilden

VORBEREITUNGEN:

Schülergruppen sammeln je 100 Kastanien (oder Kieselsteine)

SPIELVORSCHLÄGE:

Je 3 Schüler teilen sich spontan (ohne ihre Teilmenge vorerst zu zählen) die 100 Kastanien. Ein jeder legt nun am Boden mit den Kastanien die Zahl, die nach seiner Schätzung die Anzahl seiner zweistelligen Anzahl von Kastanien zeigt. Hat er mit seinen Kastanien die Zahl gelegt, zählt er nach. Er muß nun seine Zahl (meist bei der Einerstelle) umbauen.

2.15 Wer bin ich?

ZIELE:

▩ Einfachen Rätseln Zahlen entnehmen ▩ Addieren ▩ Mnemotechnische Brücken schaffen

VORBEREITUNGEN:

Karten mit Zahlenrätseln (siehe Kopiervorlage!) in mehrfacher Ausführung

SPIELVORSCHLÄGE:

Jeder Mitspieler erhält eine Rätselkarte und liest sie. Auf ein Zeichen des Spielleiters rufen die Mitspieler die Zahl, die in ihrem Rätsel versteckt scheint. Sie werden schnell andere finden, die die gleiche Zahl rufen, mit denen tun sie sich zusammen und stellen dann der Gruppe ihre Rätsel vor. Können auch die anderen das Rätsel so schnell lösen?

Der Spielleiter wählt eine Anzahl von Rätseln so, daß die Lösungen die Telefonnummer eines Mitspielers ergeben. Die liest er in er entsprechenden Reihenfolge vor. Wer darin seine Telefonnummer erkennt, meldet sich am Telefon: „Hier 3 8 3 5 4 6!“, und es folgt ein kurzes Gespräch.

Die Rätselkarten werden den Mitspielern mit Klebeband auf dem Rücken befestigt. Sie wollen nun so schnell wie möglich herausfinden, wer sie denn seien und fragen einen Mitspieler: „Wer bin ich?“ Dieser liest das Rätsel auf dem Rücken vor. Das geht so lange, bis jeder seine Zahl herausgefunden hat. Reicht es nicht, das Rätsel vorzulesen, können kleine Hilfen gegeben werden.

Paare : Von einem Stoß umgedrehter Rätselkarten nehmen die beiden Spieler abwechselnd eine Karte und schreiben sich die Rätselzahl auf. Nach 3, 5 oder 10 Zahlen wird addiert: Wer erreichte die höchste Summe? (Oder: Wer erreichte eine Reihe, eine Serie, nur gerade oder ungerade Zahlen? …)
Hinweis: Die Schüler werden bald selbst Rätsel schreiben, sodaß eine große Auswahl entsteht, was den Reiz dieses Spieles erhöht.

3. Mathematik im Turnsaal

3.1 Schnüre

ZIELE:

■ Optische Wahrnehmung ■ Zahlenserien als solche erkennen ■ Kopfrechnen ■ Geometrische Formen unterscheiden

VORBEREITUNGEN:

Jeder Schüler hat eine Sprungschnur; Musik

SPIELVORSCHLÄGE:

Man verwendet die Schnüre anfangs zweckentsprechend. Auf ein Kommando hin lassen die Spieler die Schnüre fallen. Dabei entstehen Formen. Die werden nun analysiert: Kann man eine Ziffer entdecken? Sind geometrische Formen zu erkennen? Wessen Schnur liegt ganz gerade da? Es folgen mehrere Durchgänge.

Gleich große Gruppen werden gebildet. Sie üben (zu geeigneter Musik) das Schnurspringen: Beim Stoppen der Musik ruft der Spielleiter eine Zahl (von 1 bis 10, später auch bis 20), die von den Schülern möglichst rasch mit den Schnüren dargestellt werden soll (Ziffern). Welche Gruppe hat die Zahl in der kurzen Zeit ganz exakt legen können?

Varianten:
- Sind die römischen Ziffern bereits bekannt, so legen die Gruppen auf Kommando die gerufenen Zahlen in römischen Ziffern auf, z. B.: VIII.
- Dieses Spiel kann auch auf geometrische Formen erweitert werden. Z. B.: „Rechteck!"…

Zwei Gruppen: Jede Gruppe legt der anderen mit den Schnüren eine Rechenaufgabe (Grundrechnungsarten) mit römischen Ziffern. Die zweite Gruppe muß möglichst rasch das Ergebnis legen (Zeit stoppen!). Es folgen mehrere Durchgänge.

Ein Spielleiter stellt den beiden Gruppen eine knifflige Aufgabe. Welche Gruppe kann das Ergebnis zuerst legen?

Gruppe A denkt sich eine bestimmte Zahlenserie aus (ungerade, gerade Zahlen; Einmaleinsreihen, …). Der Reihe nach springen die Spieler nun mit ihren Schnüren so oft, wie es der gewählten Serie entspricht. (A – zwei Sprünge, B – vier Sprünge, …) Gruppe B soll das Gesetzt erkennen, das hinter der gesprungenen Serie steckt. Die Spieler der Gruppe B dürfen dabei frühestens nach dem dritten Springer STOP! rufen, haben sie die Serie erkannt!

3.2 Stäbe

ZIELE:

■ Optische Wahrnehmung ■ Kopfrechnen ■ Zahlenreihen erkennen ■ Längen schätzen und messen ■ Geometrische Formen erkennen und legen ■ Strecken schätzen und messen ■ Symmetrie

VORBEREITUNGEN:

Jeder Spieler hat einen Gymnastikstab; Zahlenkärtchen, Zahlenreihen (gerade, ungerade Zahlen; Einmaleinsreihen; Serien wie: 6 + 2 – 1 + 2 – 1 …); die Spieler kennen die römischen Ziffern.

SPIELVORSCHLÄGE:

Die Mitspieler stehen an einer Wand des Turnsaales. Ein Spielleiter klopft mit seinem Stab dreimal auf den Boden, woraufhin die Spieler drei möglichst große Schritte machen. Jetzt klopft der Spielleiter eine andere Zahl, usw. Wer kommt zuerst an der gegenüberliegenden Wand an?

Varianten:
- Der Spielleiter klopft jeweils zwei Zahlen, die addiert werden müssen, bevor die Schritte gemacht werden.
- Wieder werden Additionen geklopft, die Spieler dürfen jedoch nur einen Fuß vor den anderen setzen!
- Jetzt klopft der Spielleiter Malsätzchen (mit Ergebnissen unter 40!). Also zuerst kopfrechnen, dann Fuß vor Fuß setzen!

Zwei Gruppen. Der Spielleiter ruft eine Zahl (bis 20, bis 100). Welche Gruppe kann die Zahl schneller in Digitalschrift legen? Es müssen alle Stäbe verwendet werden! (Jede Gruppe hat je 14 Stäbe zur Verfügung!)

Varianten:
- Die Zahlen (von 1 bis 20) müssen in römischen Ziffern gelegt werden.
- Wieder stellt der Spielleiter durch Zuruf Rechenaufgaben. Das Ergebnis wird schnell gelegt.

Zwei Gruppen im Wettstreit: Die zugerufenen Zahlen werden mit den Stäben in die Luft gezeichnet – unter Verwendung römischer Ziffern.

Die Gruppen schätzen, wie viele Stäbe man braucht, um die Breite des Turnsaales (des Völkerballfeldes, andere Bodenmarkierungen, ...) auszulegen. Auf LOS! wird dann ausgelegt. Welche Gruppe ist schneller? Welche Gruppe hat besser geschätzt?

Variante:
- Ein Stab wird abgemessen. Jetzt kann man gewisse Strecken schätzen und dann abmessen.

Vom Spielleiter zugerufene geometrische Formen werden mit den Stäben gelegt, möglichst schnell und exakt.

Variante:
- Jede Gruppe hat gleich viele Stäbe zur Verfügung. Damit soll sie nun möglichst viele geometrische Formen legen.
  Beispiel 1: 12 Stäbe:
  Beispiel 2: 9 Stäbe:

Hinweis:
Die Stäbe dürfen einander nicht kreuzen!
Umfang: Legt mit acht Stäben ein Rechteck!
Legt mit 6 Stäben ein Dreieck! Legt mit allen Stäben ein möglichst exaktes Vieleck! Könnt ihr mit 5 Stäben ein Quadrat legen? ... Wie viele Stäbe braucht ihr mindestens für ein Rechteck? ...

Symmetrie: Paare werden gebildet. Spieler A legt seinen Stab an eine Linie der Bodenmarkierungen, die als Symmetrieachse dient. Spieler B legt seinen Stab auf der anderen Seite der Linie symmetrisch dazu. Beim anschließenden Rundgang werden die so entstandenen symmetrischen Figuren begutachtet.

Varianten:
- Gruppe A legt an einer Linie mit ihren Stäben eine Figur. Gruppe B legt die Figur symmetrisch nach. Wieder ist die Linie die Symmetrieachse. Wechsel!
- Während Gruppe A eine Figur legt, schaut Gruppe B weg. Die gelegte Figur wird mittels eines über die Symmetrieachse gespannten Tuches verdeckt. Ein Spieler der Gruppe B sieht sich die Figur an und dirigiert seine Mitspieler mit Worten so, daß sie die versteckte Figur möglichst exakt nachlegen können. Zum Schluß wird das Tuch entfernt, und man vergleicht die Figuren miteinander. Wechsel!

3.3 Bälle

ZIELE:

■ Geometrische Formen ■ Bruchteile ■ Verschiedene Kurven beobachten und skizzieren ■ Ergänzen ■ Entfernungen schätzen und werfen ■ Einmaleins-Reihen ■ Rhythmus

VORBEREITUNGEN:

Gymnastik-Bälle, Turnreifen, Karton, Notizblock, Karten mit Längenangaben, Maßband

SPIELVORSCHLÄGE:

Die Spieler sitzen im Kreis. Ein Spieler hat den Ball. Den rollt er jetzt einem Spieler zu, dieser rollt ihn zu einem anderen Spieler, und der dritte Spieler rollt ihn zum ersten zurück. So entstehen Dreiecke. Ein weiterer Spieler skizziert diese Dreiecke auf Zetteln. Nach fünf Runden hält der Zeichner ein Blatt hoch und sagt: „Rollt dieses Dreieck!"...

Variante:
- Das kann man natürlich auch mit Vierecken machen. Jetzt treten aber zwei Gruppen in den Wettstreit, wobei so viele Vierecke gerollt werden müssen, wie Spieler in der Gruppe sind. Nach jedem Viereck wird der Ball im Kreis an den Sitznachbarn weitergegeben. Die Gruppen können auch „Beobachter" zur anderen Gruppe entsenden.

Dreiergruppen: A und B werfen einander den Ball in schönen Bögen zu. C zeichnet diese Bögen auf je ein Blatt. Nach mehreren Würfen hält C ein Blatt hoch und ersucht die Mitspieler, gerade diesen Bogen zu werfen. Wie weit gelingt ihnen das?

Variante:
- „Boden auf!"
  Die Dreiergruppen messen auf einer Bodenmarkierung vier Meter ab und markieren mit Klebestreifen die Meterabstände.
  A und B stellen sich an den Endmarkierungen auf. C ruft dann z. B.: „1/2!" A wirft den Ball nun so, daß er die mittlere Markierung trifft und von B gefangen werden kann. Bei „3/4!" muß B den Ball so werfen, daß er die dritte Markierung – von ihm aus gesehen – trifft.

Bälle weg!
Zwei Gruppen: Auf der Mittellinie stehen die Langbänke – je eine wird den Gruppen zugeordnet. Die Gruppen stehen in ihrem Spielfeld, jeder Spieler hat einen Ball. Auf das Kommando LOS! versucht jede Gruppe möglichst viele Bälle in das gegnerische Spielfeld zu werfen. Bei STOP! lassen die Spieler die Bälle fallen und eilen zu ihrer Sitzbank. Es gibt nämlich einen Punkteabzug für die langsamere Gruppe. Die Gruppen sitzen so, daß jede zu ihrem Spielfeld blickt, also mit dem Rücken zueinander. Sitzend werden die Bälle gezählt. Wie viele Bälle müßten laut Zählung im anderen Spielfeld liegen?

Varianten:
- Auf Kartons schreibt man Längenangaben: 3 m, 5 m, 7 m, 9 m. Von einer Wand aus mißt man nun diese Entfernungen und legt in Abständen Reifen auf, die Kartons kommen in diese Reifen. In mehreren Durchgängen versuchen die Schüler, den Ball in alle Reifen zu werfen. Für 3 Meter gibt es drei Punkte, für 5 Meter 5 Punkte, ...
- Auf dem Boden liegt ein Maßband (mindestens 10 m). Die Schüler stehen am Anfang des Bandes und versuchen den Ball so weit zu werfen, wie es ihnen die Tafel (Karton) zeigt, die der Spielleiter hochhält. Wer kommt der Marke am nächsten?

Einmaleins-Prellen:
Paare entscheiden sich für eine Einmaleinsreihe und beginnen nun einen Ball zu prellen, wobei sie mitzählen: A: „1, 2, 3!" Der Ball wird B zugeworfen. B: „4, 5, 6!"...

Variante:
- A beginnt spontan: „1, 2, 3, 4!" Er wirft den Ball zu B. B muß reagieren: „5, 6, 7, 8!"

3.4 Schwungtuch

ZIELE:

■ Zahlenreihen bis 30 ■ Durch 4 teilen ■ Mengen erfassen ■ Zahlen aus drei oder vier Ziffern bilden ■ Zeit stoppen ■ Flächen teilen ■ Flächen ändern ■ Mengensymbole erfassen

VORBEREITUNGEN:

Ein Schwungtuch mit der Mindestgröße von 3 mal 3 Metern wird in einem großen Raum am Boden ausgebreitet. Stoppuhr, Papier

SPIELVORSCHLÄGE:

Die Schüler bekommen Nummern von 1 beginnend zugeteilt. Alle stellen sich um das Schwungtuch auf, sodaß auf jeder Seite des Schwungtuchs gleich viele Schüler stehen (Schülerzahl geteilt durch 4). Nun greifen alle zum Tuch und schwingen es gleichmäßig. Der Spielleiter ruft plötzlich eine bis fünf Nummern, worauf die gerufenen Spieler durch Durchlaufen unter dem Tuch ihre Plätze wechseln müssen. Auf das Kommando „Die richtige Reihenfolge!" laufen alle Spieler gleichzeitig unter dem hochgeschwungenen Tuch durch, um sich dann wieder in der ursprünglichen Reihenfolge aufzustellen. Wer beim Durchlaufen zu langsam reagiert, wird vom herunterfallenden Tuch gefangen.

Der Spielleiter wirft eine Menge von bis zu zehn Papierknäuel in die Mitte des Schwungtuchs, während dieses geschwungen wird. Die Spieler versuchen, während die Knäuel durch die Luft fliegen, die Menge der Knäuel zu erraten.

Der Spielleiter wirft drei oder vier Karton-Ziffern in das geschwungene Tuch, und die Spieler bilden (und rufen) möglichst viele drei- bzw. vierstellige Zahlen.
Das Tuch wird auf dem Boden aufgebreitet, die Spieler auf einer Seite des Tuches knien am Rand des Tuches hin und werfen vorsichtig eine Welle, die nun auf die andere Seite des Tuches wandert, wo eine Luftblase stehen bleibt, die nur langsam zur Ruhe kommt. Wie lange es dauert, bis die Luftblase zur Ruhe kommt, wird mit der Stoppuhr gemessen.

Auf dem Tuch wird getanzt. Beim Stoppen der Musik ruft der Spielleiter entweder „Dreieck!", „Quadrat!", „Rechteck!" oder „Achteck!". Er kann auch „Die Hälfte!", „Ein Drittel!", „Ein Viertel!" rufen. Die Spieler legen nun das Tuch diesem Auftrag entsprechend zusammen und tanzen auf der verkleinerten Fläche weiter.

Variante:
- Aufgrund des zusammengelegten Schwungtuchs wird das entsprechende Kärtchen erraten. Statt des Schwungtuchs werden etwa sechs Turnmatten als Tanzfläche am Boden aufgelegt. Auf jeder Matte werden zwei verschiedenfärbige Mengenlehresymbole aufgelegt. Beim Stoppen der Musik ruft der Spielleiter entweder eine Farbe, eine Form oder eine Größe. Alle Spieler, die nun auf einer Matte mit einem derartigen Symbol stehen, setzen eine Tanzrunde aus.

Unter dem am Boden liegenden Tuch schauen einzelne Körperteile von mehreren Schülern hervor, z. B.: ein Kopf, zwei Hände, ein Bein, ein anderes Bein, zwei Arme. Wie viele Schüler befinden sich unter dem Tuch?

3.5 Hoch und höher

ZIELE:

■ Höhen schätzen und messen ■ Kopfrechnen ■ Mittelwert berechnen

VORBEREITUNGEN:

Turngeräte, Maßband aus Karton, Notizblock

SPIELVORSCHLÄGE:

Es werden Vierergruppen gebildet, die mit erhobenen Händen Pyramiden bauen. Wie hoch können diese werden? Wann sind sie höher, wann weniger hoch? (Abstand voneinander!)

Variante:

- Was geschieht, wenn drei Schüler den vierten irgendwie hochheben?

Sprossenwand:
Die Sprossen erhalten Nummern, indem man Zettel anbringt. Jetzt gibt der Spielleiter Aufträge: „2 und 5!“ (= Füße auf die 2. Sprosse, die 5. Sprosse fassen). Diese sollen die Schüler möglichst schnell ausführen. Heißt es nur„8!“, so hängt sich der Schüler auf die 8. Sprosse.

Varianten:

- Rechensätzchen werden gerufen: „3 plus 5!“ Der Schüler muß sich also auf die 8. Sprosse hängen – ein Wettbewerb folgt.
- Zwei Gruppen: Jedes Gruppenmitglied versucht, vom Stand aus möglichst hoch zu springen und die höchste erreichbare Sprosse zu fassen. Welche Gruppe erreicht so die höchste Summe?
- Zwei Gruppen: Jeder Spieler steht auf der untersten Sprosse und versucht nun, mit den Händen eine möglichst niedere Sprosse zu fassen. Welche Gruppe hat am Ende die niedrigste Summe?

Groß und klein:
Hochsprungständer werden aufgestellt. Die Hochsprungschnur wird von zwei Schülern so hoch gespannt, daß, wie sie glauben, der größte Schüler aufrecht darunter durchgehen kann. Es folgt die Probe, dann die Korrektur. Der Wert wird notiert. Das nächste Paar macht dies für den zweitgrößten Schüler. Das geht weiter bis zum kleinsten Schüler. Jetzt kann man leicht den Mittelwert schätzen und errechnen!
Jetzt stellen sich die Schüler der Größe nach auf – sie kennen diese ja nun – und der Kleinste beginnt: „1 m 28 cm“, der zweite muß seine Körpergröße gleich addieren: „2 m 51 cm“. Wie lang wäre die Kette, lägen alle Schüler aneinandergereiht auf dem Boden?

An der Wand wird ein selbst hergestelltes, überdimensionales Maßband befestigt, das bis zur Decke reicht.
Wie hoch können die einzelnen Schüler mit einer Hand an die Wand klatschen? Wer kommt mit seiner vorhergehenden Schätzung dem Resultat am nächsten?

Variante:

- Neben dem Maßband wird ein Handstand gegen die Wand gemacht. Wie hoch komme ich mit meiner Ferse?

Die Gesamthöhe des Turnraumes ist allen bekannt. Paare: A wirft den Ball in die Höhe – ohne damit die Decke zu erreichen. B schätzt, wie viele Meter (dm) bis zur Decke fehlen.

Varianten:

- A gibt B vor, welche Markierungen er am Maßband an der Wand treffen soll: „4 m hoch!“...
- Wer kann die drei von ihm selbst gewählten Höhenangaben werfen?
- Paare nehmen sich Serien vor, die es zu werfen gilt. Wird ein Fehler gemacht, kommt der Partner an die Reihe – wer kommt in der Serie am weitesten? (Auch für die Gruppe geeignet!)
  Beispiel: 1 m = 1mal werfen, 2 m = 2mal werfen, ...

Mit den verfügbaren Turngeräten werden Türme gebaut, und deren Höhe wird geschätzt und gemessen.

3.6 Würfeln im Turnsaal

ZIELE:

■ Akustische, optische und taktile Wahrnehmung ■ Würfelbilder und Zahlen simultan erfassen ■ Einmaleins ■ Reaktion

VORBEREITUNGEN:

Zwei große Würfel aus Schaumstoff (Porozell)

SPIELVORSCHLÄGE:

Die Spieler bewegen sich zu Musik. Bei STOP würfelt der Spielleiter mit einem Würfel, und die Spieler bilden entsprechend der Augenzahl möglichst rasch Gruppen. Bleibt jemand übrig? Und warum? Weiter geht's mit Musik!

Variante:
- Die vom Spielleiter gewürfelte Zahl muß wie das Würfelbild gestellt werden.

Drei Spielern werden die Augen verbunden. Die anderen Spieler stellen sich zu verschiedenen Würfelbildern auf. Wer von den drei „Blinden“ hat zuerst alle Würfelbilder ertastet? (Ein Helfer führt die Blinden zu den einzelnen Gruppen.)

Variante:
- Zwei „Blinde“: Sie sollen ihre Mitspieler möglichst schnell zu einem vorgegebenen Würfelbild aufstellen.

Ein Spieler geht vor die Tür. Es wird gewürfelt, und entsprechend der gewürfelten Zahl machen die Mitspieler gymnastische Übungen. Der Spieler kommt herein und soll anhand der vorgeführten Bewegungen die gewürfelte Zahl erraten.

Zwei Gruppen stehen einander an der Mittellinie gegenüber – in einem Abstand von rund zwei Metern. Eine Gruppe nennt sich „Zehner“ – ihre Zahlen sind also jene von 1 bis einschließlich 10. Die zweite Gruppe sind die „Vierziger“). (11–40). Der Spielleiter würfelt mit zwei Würfeln gleichzeitig. Die Spieler müssen multiplizieren. Ist das Produkt kleiner oder gleich 10, müssen die „Zehner“ fangen und die „Vierziger“ fliehen. Wer die Wand hinter sich erreicht, ist gerettet. Welche Gruppe konnte nach mehreren Durchgängen mehr Gegner fangen?

3.7 Frisbee

ZIELE:

- Grundrechnungsarten
- Entfernungen
- Abstände

VORBEREITUNGEN:

Auf Bierdeckel werden mindestens 20 Ergebnisse von Rechnungen aus dem Einmaleins geschrieben und im Abstand von etwa 30 cm voneinander zu einem Zahlenfeld am Boden aufgelegt. Eine Schaumgummi-Frisbeescheibe wird als Wurfgerät verwendet.

SPIELVORSCHLÄGE:

Abwechselnd werfen die Spieler aus einem Abstand von mindestens vier Metern auf das Zahlenfeld. Jeder Spieler erhält immer die Punkteanzahl entsprechend der Zahl, auf der die Frisbeescheibe liegenbleibt. Allerdings bekommt der Spieler die Punkte nur, wenn er auch die dazugehörige Rechnung nennen kann.

Varianten:
- Die Zahlen von 1 bis 100 werden auf Bierdeckel geschrieben, gemischt und durcheinander etwa im Abstand von 10 cm Entfernung am Boden zu einem Zahlenfeld aufgelegt. Wer mit der Frisbeescheibe das Zahlenfeld trifft, muß mit den beiden Zahlen, die die Scheibe berührt, eine Rechnung bilden. Stimmt die Rechnung, bekommt er ebenso viele Punkte wie das Ergebnis ausmacht.
- Der Spieler bildet mit der Zahl, auf der die Frisbeescheibe liegenbleibt, und den Zahlen, die die Frisbeescheibe umgeben, mehrere Subtraktionen oder Additionen.

Eine Frisbeescheibe wird mit Filzstift in acht Sektoren zerlegt. In die Sektoren werden die Zahlen 2 bis 9 geschrieben. Nun werfen einander die Mitspieler die Scheibe im weiten Kreis zu. Wer die Scheibe fängt, muß eine Rechnung aus einer bestimmten Einmaleinsreihe nennen. Dabei kommt es darauf an, daß die Zahl des Sektors darin vorkommt, den die Hand des Spielers beim Fangen hält.

3.8 Roboter

ZIELE:

- Das Bild geometrischer Formen einprägen
- Konzentration

VORBEREITUNGEN:

Augenbinden

Spielvorschläge:

Paare oder Gruppen: Einem Spieler werden die Augen verbunden. In einem Raum, der frei ist von Hindernissen (im Freien), wird dieser „Roboter“ auf einen Startpunkt gestellt. Sein Partner erhält den Auftrag, den Roboter mittels vorher vereinbarter Kommandos so durch den Raum zu dirigieren, daß er eine geometrische Form (Dreieck, Quadrat, Rechteck ...) abschreitet. Welchem Paar gelingt das am besten?

Varianten:

- Der Roboter wird auf einen Startpunkt gestellt und versucht, alleine die vorgegebene geometrische Form abzuschreiten.
- Der Mitspieler mit den verbundenen Augen wird von einem Partner seines Vertrauens an der Hand vorsichtig durch den Raum geführt (Rechteck, Kreis, ...). Welche geometrische Form hat er jetzt umrundet?

Paare: Je ein Roboter und ein „Steuermann“. Die einzelnen Paare entscheiden sich für eine geometrische Form und stellen sich dann an verschiedenen Punkten im Raum auf. Auf ein Kommando des Spielleiters werden die Roboter in Gang gesetzt. Sie schreiten stets entlang der gedachten geometrischen Figur. Um Zusammenstöße zu vermeiden, wird ein Kommando für das Stehenbleiben vereinbart.

Hinweise: Statt die Augen zu verbinden, können sie auch ganz einfach geschlossen gehalten werden, wenn Scheu vor dem Verbinden besteht. Die geometrischen Formen können zur Erleichterung der Übungen auch auf dem Boden markiert oder ausgelegt werden.

4. Beobachten und vergleichen

4.1 Pflanzen

ZIELE:

■ Mengen wahrnehmen ■ Merkmale zuordnen, finden ■ Symmetrie feststellen ■ Addieren ■ Genaues Beobachten

VORBEREITUNGEN:

Diese Übungen werden in der freien Natur gemacht. Oder: Man sammelt Blätter und Blüten für die Klasse oder verwendet Sachbücher

SPIELVORSCHLÄGE:

Die Blätter, Blüten und Pflanzen werden aufgelegt. Die Schüler betrachten sie eingehend. Merkmale werden genannt: Zahl der Blätter, der Blattfinger, Symmetrie, …
Zwei Gruppen: Jede Gruppe hat eine etwa gleich große Anzahl von Pflanzen und Blättern und einigt sich auf ein Kriterium, nach dem sie die Pflanzen ordnen möchte (z. B.: gerade und ungerade Zahlen, symmetrisch oder nicht symmetrisch …). Danach wird diese „Ausstellung" der anderen Gruppe präsentiert. Findet sie das Kriterium heraus? Eine verbale Präsentation kann folgen.

Variante:
■ Die Gruppen erhalten vom Spielleiter Kriterien vorgegeben und ordnen die Blätter und Pflanzen danach (Wo ist die Zahl 2, 3, 4, 5, … enthalten? Wo gibt es Symmetrie?…). Wieder gibt es eine Präsentation. Die Gruppen machen sich Notizen: Welches Kriterium erfüllen die meisten Pflanzenteile? Welche Pflanzen erfüllen gleich mehrere Kriterien?

Die Gruppen (einzelne Schüler) erhalten je drei Pflanzen oder Pflanzenteile: Jetzt wird versucht, durch alle möglichen „Zählereien" (Blattspitzen, Blattadern, Blütenblätter, …), die natürlich notiert werden müssen, auf eine möglichst hohe Summe zu kommen. Die erreichten Summen werden verglichen und begründet.
Die Superpflanze: Welche Pflanze erreicht die höchste Summe? Auf welchen Pflanzenteil trafen die meisten Merkmale zu? …

4.2 Leute, Leute!

ZIELE:

■ Rasche optische Wahrnehmung ■ Mengen simultan erfassen ■ Blickspanne ■ Visuelles Gedächtnis

VORBEREITUNGEN:

Fotos, Bilderbücher

SPIELVORSCHLÄGE:

Im Sitzkreis wird „gesammelt": „Zu 2 fällt mir ein Ehepaar ein!" „Eine Kleinfamilie hat drei Personen: Vater, Mutter, Kind!" „Bei einem Quartett sind 4 Sänger!" „In unserem Auto dürfen nur 5 Personen mitfahren!" „Bei einer Eishockeymannschaft gibt es 6 Spieler!" „11 Spieler hat eine Fußballmannschaft!"…
Ein Platzwechselspiel: „Alle wechseln die Plätze, in deren Familie drei Personen (Eltern und Kinder) sind!"

Variante:
■ Gruppenbildung: Der Spielleiter ruft z. B.: „Liebespaar!" Die Spieler bilden möglichst schnell Paare. Oder: „Auto!"… Fünfergruppen werden gebildet. Wie viele Spieler bleiben da übrig? Warum?

Fotos mit Personen (in überschaubaren Mengen). Der Spielleiter zeigt kurz hintereinander drei Fotos (mit je 3 bis 7 Personen), für alle sichtbar. Wer kann zuerst die Gesamtzahl der Personen nennen?

Variante:
■ Jede Gruppe bekommt ein Gruppenfoto. Sie versucht nun, sich möglichst so wie die Gruppe auf dem

Foto zu postieren (die Anzahl der Personen muß nicht übereinstimmen!). Dieses „Gruppenbild“ wird den anderen präsentiert und nach etwa zehn Sekunden wieder aufgelöst. Fragen an die Betrachter: Wie viele Personen sind gestanden, gesessen? Wie viele Personen blickten in die Kamera, schauten weg? …

Bilderbücher: Jeder Mitspieler hat ein geeignetes Bilderbuch. Es wird gewürfelt. Wer findet in seinem Buch ein Bild mit der gewürfelten Personenzahl?

Variante:
- Sucht im Bilderbuch die Seite mit der höchsten Personenzahl!

Zwei Gruppen: Zu einer gewürfelten Zahl werden Titel von Geschichten, Büchern und Märchen gesammelt, in denen ebenso viele Personen die Hauptrolle spielen.

4.3 Unser Körper und die Zahlen

Ziele:

- Mengen wahrnehmen
- Körperschema
- Kinästhetische Wahrnehmung
- Zahlen zuordnen
- Paar

Spielvorschläge:

Partner beobachten einander und sammeln Zahlen, die sie an ihrem Körper entdecken können (2 Augen, 2 Ohren, 10 Finger, 100 Wimpern, …). Welches Paar konnte die meisten Zahlen entdecken? Welche dieser Zahlen sind festzustellen, welche kann man nur schätzen? Über welche Zahlen können uns Lexika und Sachbücher Auskunft geben?

Die Schüler schätzen die Zahl (und die Länge) der Augenwimpern, der Kopfhaare, der Körperhaare und notieren ihre Schätzungen. Wer kommt den tatsächlichen Zahlen am nächsten?
Wußtet ihr, daß …
… blonde Menschen ca. 150.000 Kopfhaare haben?
… braune Kopfhaare: ca. 110.000
… schwarze Kopfhaare: ca. 100.000
… rote Kopfhaare: ca. 90.000
… Körperhaare: ca. 25.000
… Augenwimpern oben: 150 bis 200
… Augenwimpern unten: 50 bis 100
… Augenwimpernlänge oben: 8 bis 12 mm
… Augenwimpernlänge unten: 6 bis 8 mm
… Tragfähigkeit des Kopfhaares: ca. 80 g
… täglicher Haarausfall: 50 bis 120 Haare

Varianten:
- Jetzt sind diese Zahlen den Kindern bekannt. Der Spielleiter ruft nun eine dieser Zahlen, und die Schüler zeigen auf den entsprechenden Körperteil. Beispiele: „100!“ – die Wimpern; „100.000!“ – die Kopfhaare; „20“! – die Zähne …

- Man bildet Gruppen, nach der Haarfarbe geordnet. Die Gruppen versuchen die Gesamtzahl aller Kopfhaare zu errechnen.

4.4 Müll in der Natur

Ziele:

■ Mengen wahrnehmen ■ Mengen zuordnen ■ Mengen simultan erfassen ■ Visuelles Gedächtnis

Vorbereitungen:

Eine Liste (Muster)
Der Lehrer bereitet einen „Umweltverschmutzungspfad" vor: Neben einer gewissen Wegstrecke (50 m) wird Müll in einem Meter Abstand vom Wegrand abgelegt (Verpackungen, Zigarettenstummel, Trinkhalme, Metallteile, Glasscherben, ...).

Spielvorschläge:

Mit der Liste in der Hand wandern die Schüler diese Wegstrecke ab und machen für jedes einzelne Stück Müll einen Strich in der entsprechenden Spalte der Liste. Danach wird gezählt und addiert, die Summen werden verglichen (die meisten Stücke sind aus ..., die größten Stücke sind aus ...).

Varianten:
- ■ Die Schüler gehen die Strecke ohne Liste ab und zählen dann einzeln auf, welche Gegenstände sie sich gemerkt haben.
- ■ Gruppen (so viele, wie Materialien auf der Liste stehen) marschieren los und merken sich nur Gegenstände aus dem ihnen zugeordneten Material (Gruppe A: Gegenstände aus Metall).

Hinweise:
Nachdem der Müll wieder eingesammelt worden ist, wird er sortiert. Kim-Spiele können folgen!

4.5 Mein Wiesenstück

Ziele:

■ Mengen wahrnehmen, schätzen ■ Flächenmaße (m^2) einprägen ■ Flächeninhalte schätzen, messen, vergleichen

Vorbereitungen:

Meterlange Stäbe oder Schnüre, Notizblock und Bleistift, Maßband

Spielvorschläge:

1 m^2 Wiese wird mit Stäben oder einer Schnur abgegrenzt. Bei zwei Gruppen wird für jede Gruppe 1 m^2 Wiese mit Stäben oder Schnüren abgesteckt. Jetzt erteilt der Spielleiter Schätzaufträge: Wie viele gelbe Blumen (rote, weiße) schätzt ihr, sind auf eurem Wiesenstück? Wie viele Gräser mit mehr als einem halben Meter Länge? Notieren! Die Gruppenmitglieder einigen sich auf einen Mittelwert und vergleichen dann mit der anderen Gruppe. Anhand der folgenden Zählungen (wenn möglich!) werden die Schätzungen überprüft, verglichen, addiert ...

Varianten:
- ■ Die Gruppen suchen ein Wiesenstück mit 1 m^2 Flächeninhalt, auf dem möglichst viel Löwenzahn blüht. Zählen und vergleichen!
- ■ Die Gruppen suchen 1 m^2 Wiese mit den längsten (höchsten) Grashalmen! Messen und vergleichen!
- ■ Zu bestimmten Jahreszeiten können die am Boden liegenden Früchte geschätzt und gezählt werden.
- ■ Man sucht zwei ca. gleich große Bäume, die auf einer Wiese stehen und schätzt (mißt) die Fläche, auf die ihr Schatten fällt. Wie groß ist der Flächenunterschied? Wie viele Blumen – nach den vorangegangenen Zählungen – könnten hier stehen? Wie viele Personen könnten sich in den Schatten stellen? Schätzen und ausprobieren!

Hinweise:
Man wählt Wiesenstücke am Wegrand, am Wiesenrand, oder die Schüler fragen den Besitzer (vielleicht sind das gar die Eltern!).

4.6 Bücher

ZIELE:

- Höhen und Längen schätzen, vergleichen, messen
- Optische Wahrnehmung

VORBEREITUNGEN:

Schulbücher in Klassenstärke, Klassenbücherei (Schulbücherei), Hefte, Maßbänder, Meterstab

SPIELVORSCHLÄGE:

Jeder Schüler legt all seine Schulbücher gestapelt auf den Tisch und schätzt die Höhe des Stapels. Dann wird gemessen. Wer hat am besten geschätzt?

Varianten:

- Man stapelt alle Lesebücher (Religionsbücher, Liederbücher, ...). Es wird „abgestimmt", welcher Stapel am höchsten werden wird. Die Stapel stehen dann nebeneinander auf dem Tisch. Wer hat richtig „gestimmt"?
- Von jedem Stapel wird ein Buch genommen, und dessen Stärke (Dicke) wird gemessen. So kann man die Gesamthöhe des Stapels errechnen. Stimmt sie mit der tatsächlichen Höhe überein? Warum kann es da einen Unterschied geben?
- Zu den Stapeln wird ein maßstabgetreues Stabdiagramm gezeichnet. Dabei wählt jeder Schüler eine andere Reihenfolge (Beispiele). Das Stabdiagramm wird vorerst nicht beschriftet. Jeder zeigt sein Diagramm einem Partner – dieser soll raten, welcher Stab des Diagrammes welchem Bücherstapel zuzuordnen ist. Danach wird das Diagramm beschriftet und bemalt.
- Welche Stapel müßte man übereinanderstellen, um möglichst nahe an einen halben Meter heranzukommen?

Beispiele für Stabdiagramme

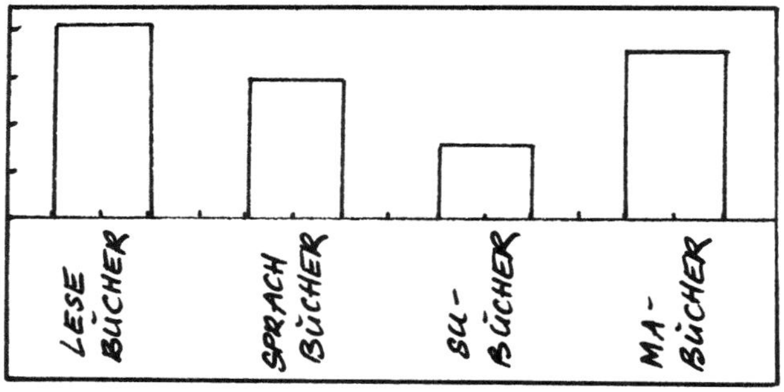

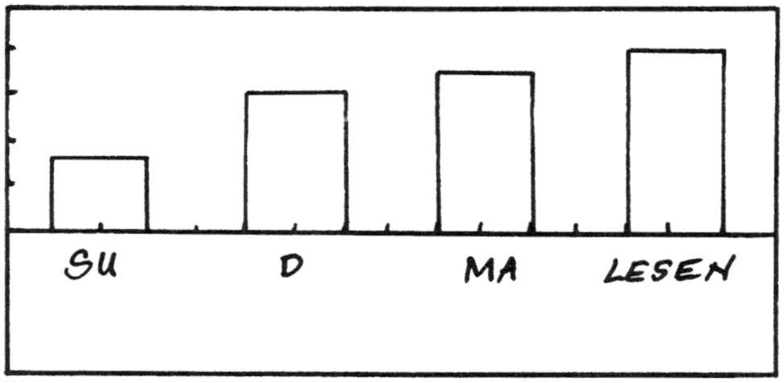

Staffelläufe:
Zwei Gruppen. Jeder Gruppe wird ein Regal in der Bücherei zugeordnet, für jede Gruppe steht ein Tisch bereit, an der Wand dahinter hängt ein Karton mit einer Markierung für einem halben Meter. Staffellauf: Auf LOS werden der Reihe nach so viele Bücher zum Tisch getragen und gestapelt, bis ein halber Meter Höhe erreicht wurde.

Varianten:

- Die Markierung wird entfernt. Jetzt sollen die beiden Gruppen – wieder im Staffellauf – so viele Bücher stapeln, bis sie glauben, der Stapel ist einen halben Meter hoch. Ein Gruppenleiter ruft dann am besten STOP. Welche Gruppe hat am besten geschätzt?
- Sechsergruppen: In der Staffel trägt jeder Spieler so viele Bücher zum Tisch, wie es seiner Reihenfolge in der Aufstellung entspricht: Der erste trägt ein Buch, der zweite trägt zwei Bücher, ... Welche Gruppe ist schneller? Wie viele Spieler jeder Gruppe können die Anzahl der Bücher nennen, die auf dem Tisch liegen müssen, wenn er seine dazugelegt hat? (Addieren!) Z. B.: 3. Spieler: „6 Bücher!"

Im Regal:
In welchem Regal stehen die meisten Bücher? Stehen in der längeren Bücherreihe wirklich auch mehr Bücher? Wer entdeckt das dickste/das dünnste Buch? Wie viele Bücher fehlen, um das Regalbrett ganz voll zu machen?

Variante:
- Man einigt sich auf ein Regal (drei oder vier Bretter). Die Spieler betrachten es genau und drehen sich dann um. Ein Mitspieler stellt einige Bücher von einem Brett auf ein anderes. „Herschauen! Was wurde verändert?“

4.7 Schatten werden länger

ZIELE:

- Längen schätzen und messen ▪ Winkelarten

VORBEREITUNGEN:

Taschenlampen, Lego, Maßbänder

SPIELVORSCHLÄGE:

Ein schlanker Turm wird gebaut (30 cm hoch). Er steht mitten auf dem Tisch. Wo muß die Lampe stehen, daß der Turm keinen Schatten wirft? Haltet die Lampe so, daß der Schatten möglichst lange wird! Der Schatten soll genau bis zum Tischrand reichen! Erzeugt einen Schatten, der genau so lang ist, wie der Turm hoch ist! (Halb so lang, …)

Variante:
- Zwei Schüler versuchen, mit ihren Lampen zwei Schatten zu erzeugen, sodaß diese einen rechten Winkel bilden (einen spitzen Winkel, einen stumpfen Winkel).

4.8 Menschen beobachten

ZIELE:

- Häufigkeiten erkennen, dokumentieren und vergleichen ▪ Mittelwert berechnen

VORBEREITUNGEN:

Notizblock für die Beobachter

SPIELVORSCHLÄGE:

Im Sesselkreis sammeln die Schüler Gesten, Bewegungen, Gewohnheiten, die bei den Mitschülern häufig zu beobachten sind. (Kopf auf die Hand stützen, blinzeln, in der Nase bohren, Hand auf die Stirn legen, …) Eine Liste mit den häufigsten Bewegungen wird vorbereitet. Einige Tage lang beobachtet jeder während des Unterrichts einen Mitschüler und macht Striche auf der Liste. Er tut dies über einen vorher vereinbarten Zeitraum (5 min). Danach wird im Sesselkreis über diese Beobachtungen berichtet, ohne Namen zu nennen. „Er hat fünfmal mit dem Finger auf die Nase getippt. Er hat …“ Können die anderen erraten, um welche Person es sich dabei handelt? Die Beobachtungen werden auf die Zahlen hin verglichen. Es wird Gesten geben, die besonders häufig vorkommen – welche ist die häufigste, welche die seltenste? Wer hat überhaupt die höchste Zahl erreicht? Auf Packpapier wird ein großes Schaubild von allen Beobachtungen angefertigt (z. B.: Stabdiagramm).

Variante:

- Die Schüler ziehen je ein Namenskärtchen mit den Namen ihrer Mitschüler, an denen sie dann ihre Beobachtungen anstellen sollen. Einige Namenskärtchen kommen aber doppelt vor, sodaß manche von zwei Mitschülern beobachtet werden. Da keiner dem anderen verraten soll, wen er beobachten muß, kann man auf die Ergebnisse gespannt sein!

4.9 Plan und Wirklichkeit

ZIELE:

- Maßstab
- Zeitvergleich
- Plan zeichnen
- Kooperation
- Parallel

VORBEREITUNGEN:

Lehrausgang zu Parkplätzen: Es geht um die subjektive Einschätzung, wieweit der Parkplatz raumsparend angelegt wurde, wieweit er aber auch benützerfreundlich ist (leicht erreichbare Parklücken, günstige Zufahrt und Lage). Mit dem Maßband werden die Längen und Breiten für die Abstellplätze und die Maße für die Zufahrtsstreifen vermessen. Wie viele Autos haben durchschnittlich auf einem Ar Parkplatz Platz?
Wie können die Abstellflächen eingezeichnet sein?
Jeder Schüler nimmt je zwei Spielzeugautos in einheitlicher Größe mit. Gleich große Tonpapierbögen werden vorbereitet und an Kleingruppen verteilt. Bei jedem Tonpapierbogen fehlen an verschiedenen Stellen insgesamt 3 dm^2. (Parkplätze sind meist nicht einfach quadratisch oder rechteckig.)

SPIELVORSCHLÄGE:

Bei jedem Tonpapierbogen wird eine „Parkplatzzufahrt“ gekennzeichnet. Jeder Spieler hat sechs Autos. Nun versuchen die sechs Spieler mit ihren Autos gleichzeitg loszufahren und ihre Autos am Parkplatz, auf dem noch keine Abstellplätze gekennzeichnet sind, abzustellen. Wer sein erstes Fahrzeug eingeparkt hat, fährt mit seinem zweiten Fahrzeug los, dann mit dem dritten, usw. Eine Jury stoppt die gesamte „Einparkzeit“ eines Spielers. Wer war der Schnellste, wer der Langsamste? Wer war der Partnerschaftlichste, wer der Rücksichtsloseste? Wer hat seine Autos verkehrsfreundlich und platzsparend, wer verkehrsbehindernd geparkt? Jede Gruppe probiert mehrere Durchgänge. Wieweit verändert sich das Verkehrsverhalten des einzelnen Spielers von Durchgang zu Durchgang?
Welche Parkplatzfläche konnte leichter vollgeparkt werden, welche Gruppe war kooperativer als die andere?
Die in den Vorbereitungen ermittelten Maße der Parkplätze in der Wirklichkeit werden maßstabgetreu so auf die „Tonpapierparkflächen“ übertragen, daß mindestens 50 Spielzeugautos geparkt werden können, indem die einzelnen Autoabstellplätze und die Ein- und Ausfahrt zum Parkplatz gekennzeichnet werden. Wie bei obigem Spielvorschlag beurteilt eine Jury das schnelle, platzsparende, partnerschaftliche Einparken einer jeden Gruppe, wobei jede Gruppe mehrere Tonpapierbögen zur Verfügung hat, um mit verschiedenen Anordnungen experimentieren zu können.

Varianten:
- Sitzplatzanordnungen in Gastlokalen und öffentlichen Gebäuden: Am Papier planen, praktisch mit den Schultischen und -sesseln ausprobieren.
- Mit der Einrichtung der Klasse experimentieren: Alle Schüler drängen gleichzeitig in die Klasse. Welche Sitzordnung bietet für die verschiedensten Unterrichtsformen die günstigste Aufstellung?

Welche Sitzordnung ermöglicht die kürzesten und die am wenigsten störenden Bewegungslinien in der Klasse? Die Bewegungslinien können eingezeichnet, nachgemessen und in die Wirklichkeit übertragen werden (Maßstab). Z. B.: Wie leicht ist die Tafel für alle Schüler erreichbar (das Waschbecken, die Leseecke, ...)?

4.10 Beobachtungen im Verkehr

ZIELE:

- Entfernungen und Zeitdauer schätzen und messen
- Relationen herstellen ■ Durchschnitt berechnen

VORBEREITUNGEN:

Diese Beobachtungen können direkt vom Klassenzimmerfenster aus oder vor dem Schultor, oder aus einer anderen Beobachtungsstelle gemacht werden. Stoppuhren und Schreibzeug werden benötigt.

SPIELVORSCHLÄGE:

Wie lange brauchen verschiedene Fahrzeuge vom Verkehrszeichen A bis zum Zebrastreifen?
Wie lange dauert es vom Beginn des Blinkens der Schrankenanlage bis zum vollständigen Schließen des Schrankens und bis zum Kommen des Zuges? Ist diese Zeit immer gleich? Wie lange brauchen verschiedene Personen zum Überqueren der Straße an verschiedenen Stellen im Straßenverkehr? Berechne den Durchschnitt! Stelle die günstigste Stelle fest! Wie stark ist die Verkehrsfrequenz an bestimmten Verkehrspunkten? Wie lange ist die Wartezeit bei bestimmten Ampeln? Wie lange haben alle Autos insgesamt (mit laufendendem Motor?) gewartet? Wie lange ist ein Zug zu hören? Wie lange ist ein darüberfliegendes Verkehrsflugzeug zu sehen? Mit wie vielen Fahrzeugen ist der Parkplatz durchschnittlich zu bestimmten Zeiten frequentiert? Wie lang ist die durchschnittliche Parkdauer?
Welche Nachteile für Gesundheit und Umwelt sind dir aufgefallen? Stelle Rechnungen auf, die eine günstigere Situation beschreiben!

4.11 Buchseitenzahlen

ZIELE:

- Bruchteile von Seitenzahlen schätzen und berechnen
- Sensibilität ■ Addieren und Mittelwert berechnen

VORBEREITUNGEN:

Ausreichend Bücher, Kärtchen mit Titeln von Lesestücken im Lesebuch

SPIELVORSCHLÄGE:

Alle Schüler haben ihre Lesebuch vor sich liegen. Sie schätzen die Gesamtseitenzahl – nachschauen!
Jetzt nehmen sie das Buch in die Hand und versuchen, mit geschlossenen Augen das Buch möglichst genau in der Mitte (Hälfte der Gesamtseitenzahl!) aufzuschlagen. Jeder kann für sich die Abweichung berechnen. So macht man es auch mit 1/4 und 3/4!

Wieder haben alle Mitspieler das gleiche Buch in der Hand. Ein Spielleiter nimmt sein Buch und schlägt irgendeine Seite auf, die ruft er laut aus. Die Mitspieler schließen die Augen und versuchen, ihr Buch so aufzuschlagen, daß sie der vorgegebenen Seitenzahl möglichst nahekommen. Jedesmal wird die Abweichung in Seitenzahlen notiert. Wer hat nach fünf Runden die geringste Abweichung vorzuweisen?

Paare: A schlägt eine Seite der ersten Hälfte des Buches auf und nennt die gerade Seitenzahl. B versucht, bei geschlossenen Augen, die doppelte Seitenzahl aufzuschlagen. Wieder geht es um die Abweichungen!

Varianten:
- Jeder Spieler zieht (nimmt vom Stapel) drei Kärtchen mit den Titeln der Lesestücke. Er sucht die Lesestücke im Lesebuch und addiert die Seitenzahlen. Wer hat nach mehreren Durchgängen die höchste Summe?
- Rekordversuche können unternommen werden: Wer erreicht die höchste „Seitenzahlensumme“ mit drei gezogenen Kärtchen?

Ein Schüler entscheidet sich für eine Einmaleinsreihe. Dieser entsprechend schlägt er die Seiten im Lesebuch auf. Von jeder Seite schreibt er dann das jeweils letzte Wort in der letzten Zeile auf. Diese Wörter sind nun die Reizwörter für eine Geschichte. Die Geschichte wird aufgeschrieben, die „Reizwörter“ werden unterstrichen. Diese Geschichte liest dann ein anderer Schüler, der die Seitenzahlen mit Hilfe der in der Geschichte hervorgehobenen Wörter finden kann, und so auch die Einmaleinsreihe.
Beispiel:
Viererreihe: Seite 4 „Kurz“, Seite 8: „Herbst“, Seite 12: „weinte“, Seite 16: …

4.12 Kassettenrecorder

ZIELE:

■ Akustische Wahrnehmung ■ Zeitdauer schätzen und vergleichen

VORBEREITUNGEN:

Kassettenrecorder mit Zählwerk, Musikkassetten

SPIELVORSCHLÄGE:

Der Spielleiter spielt ca. eine Minute lang ein Musikstück vor und teilt dann den Zuhörern mit, wie viele Umdrehungen das Zählwerk des Kassettenrecorders dabei angezeigt hat. Nun wird noch einmal das gleiche Musikstück gespielt, jedoch etwa 15 Sekunden länger oder kürzer. Die Zuhörer raten nun, wie viele Umdrehungen das Zählwerk jetzt angezeigt hat.

Varianten:
- Der Spielleiter gibt den Schülern den Auftrag, nach jeweils zehn Umdrehungen ihre Hand zu heben. Wer hat den richtigen Moment erwischt?
- Die Schüler versuchen das Musikstück bei der Hälfte der vorangegangenen Musik zu stoppen.

4.13 Gleich schwere Gegenstände

ZIELE:

■ Spezifisches Gewicht ■ Schwerer und leichter als ■ Gewichtsverhältnisse schätzen ■ Das Vielfache von ein- und zweistelligen Zahlen

VORBEREITUNGEN:

Balkenwaage, Spielwürfel, mehrere Mengen von verschiedenen Gegenständen: Murmeln, Bohnen, Kieselsteine, Perlen, Würfel, Stäbchen, Farbstifte, …

SPIELVORSCHLÄGE:

Spieler A legt ein Stück einer Menge in die Hand des Spielers B. In die rechte Hand des Spielers B legt er ein Stück aus einer anderen Menge. Wie bei einer Balkenwaage senkt nun Spieler B jene Hand, in welcher der

schwerere Gegenstand liegt. Auf einen Zettel schreibt er nun ein Mengenverhältnis auf, z. B.: 20 zu 6, wobei mindestens eine der beiden Zahlen über 10 sein soll.
Nun wird nachgewogen und der Unterschied zwischen geschätztem und tatsächlichem Verhältnis festgestellt. Nun tauschen die beiden Spieler ihre Rollen. Wer von beiden hat besser geschätzt?

Variante:

- Mit einem Würfel kann bestimmt werden, welches Vielfache der beiden Mengen gelegt und gewogen werden soll.

  Beispiel: Das Verhältnis 20 zu 6 ergibt tatsächlich ein Gleichgewicht beim Wiegen. Es wird ein Vierer gewürfelt.
  Als neue Mengen, die abgewogen werden sollen, werden 80 und 24 errechnet.
  Das Gleichgewicht müßte wieder stimmen.

4.14 Gleich schwere Gruppen

ZIELE:

- Das Gewicht von Personen schätzen und vergleichen
- Addieren von zweistelligen Zahlen
- Unterschiede zwischen zweistelligen Zahlen berechnen
- Durchschnitt

VORBEREITUNGEN:

Personenwaage

SPIELVORSCHLÄGE:

Spieler A sucht sich einen Mitschüler aus. Daraufhin versucht Spieler B einen Mitschüler zu finden, der das gleiche Gewicht zu haben scheint. Nun kommt wieder Spieler A an die Reihe und dann wieder Spieler B. Nun geht es zur Abwaage. Gelang es Spieler B, möglichst nahe an das Gesamtgewicht der Gruppe A heranzukommen? Der Gewichtsunterschied wird als Minus verbucht. In der nächsten Runde darf B zuerst seine Mitspieler wählen.

Varianten:

- Erweiterung der Gruppengröße auf 3, 4 und 5 Spieler je Gruppe.
- Als „Waage“ kann die Wippe am Spielplatz dienen.
- Spieler A wählt einen Mitspieler, Spieler B zwei Mitspieler, dann wählt Spieler A zweimal und auch Spieler B zweimal – bis jeder 6 Mitspieler hat.
  Wie genau konnten nun beide Spieler das Gesamtgewicht ihrer Gruppen einander angleichen?
  Sie vergleichen ihr Ergebnis mit dem Ergebnis, das Spieler C und D miteinander erreichen konnten.

4.15 Spaghettischlangen

ZIELE:

- Längen bis zu 50 cm schätzen und messen
- Durchschnitt berechnen
- Mengen bis 20 simultan erfassen

VORBEREITUNGEN:

1 Packung Spaghetti

SPIELVORSCHLÄGE:

Es werden Kleingruppen gebildet. Jeder Schüler bekommt eine rohe Nudel. Er notiert die geschätzte Länge. Die Gruppe addiert alle ihre Schätzwerte und errechnet den durchschnittlichen Schätzwert. Eine Nudel wird abgemessen, und die tatsächliche Gesamtlänge aller Nudeln wird errechnet. Alle Nudeln werden zu einer Schlange aufgelegt, und diese wird abgemessen. Wie lang ist die Schlange, im Zickzack aufgelegt? Ein Spielleiter in jeder Gruppe bricht 5 bis 10 Nudeln jeweils einmal durch, während die anderen Spieler wegsehen. Die Nudeln liegen wie Mikado-Stäbchen kreuz und quer auf dem Tisch. Die Gruppenmitglieder schauen sich diesen Haufen an und raten, wie viele ganze Nudeln der Spielleiter zerbrochen hat. Nun versuchen sie, die Spaghettibruchteile wieder zu gleich langen ganzen Nudeln zusammenzufügen.

4.16 Buon appetito!

ZIELE:

▩ Mengenbündel schätzen ▩ Taktile Wahrnehmung ▩ Zeitdauer, Längen und Gewicht schätzen und messen

VORBEREITUNGEN:

Genügend Spaghetti für eine Klassenmahlzeit, Salz, Öl, Ragout, Kochtopf, …

SPIELVORSCHLÄGE:

Jeder Spieler zieht mit den Fingerspitzen einige Nudeln aus der Packung und schätzt die Anzahl. Er legt die Nudeln auf den Tisch, legt die flache Hand darauf und versucht so, die Anzahl zu spüren. Zuletzt versucht er, noch immer blind, mit den Fingern die Nudeln zu zählen. Die Nudeln aller Mitspieler werden zu einem Bündel auf den Tisch gelegt. Einzelne Spieler nehmen ein Bündel von mehr als zehn Nudeln in die Hand. Wer kommt mit seiner Schätzung der Zahl der Nudeln in den Bündeln am nächsten? Wer kann die Gesamtlänge schnell berechnen?
Und jetzt beginnt das Kochen: Wie lange braucht man, um einen Liter Wasser zum Kochen zu bringen? Welche Maß- und Zeitangaben finden wir auf der Spaghetti-Packung? Wie lange dauert es, bis die Nudeln „al dente" sind? Wie lang ist eine Nudel nach dem Kochen im Vergleich zu vorher? Wie groß ist der Gewichtsunterschied zwischen rohen und gekochten Nudeln?

Hinweise: Eine Gruppe versucht zu schätzen, die andere Gruppe fungiert als Kontrollgruppe mit Stoppuhr und Küchenwaage.

4.17 Reis kochen

ZIELE:

▩ Mischungsverhältnisse 1:1, 1:2, 1:3, … ▩ das Vielfache von Bruchzahlen ▩ Längenmaße: cm, mm

VORBEREITUNGEN:

1 Packung Reis, Kochgeschirr

SPIELVORSCHLÄGE:

In den Kochtopf kommen Reis und Wasser im Verhältnis 1:2. Wieviel Wasser ist das bei einem achtel Liter Reis? Wieviel Reis braucht man für einen halben Liter Wasser? Für zwei Personen braucht man einen achtel Liter Reis. Wieviel Wasser und Reis braucht man für sechs Personen oder für die ganze Klasse? Was glaubst ihr, für wie viele Personen reicht die Menge in diesem Kochtopf? Wie hoch steht der Reis vor dem Kochen und nach dem Kochen? Miß nach!

5. Alltag und Textaufgaben

5.1 Die Rechnung bitte!

ZIELE:

- Summanden für die geringste Summe auswählen
- Rechenfehler suchen ■ Rechentempo steigern

VORBEREITUNGEN:

4 Speisekarten mit Preisangaben (siehe Kopiervorlagen!)

SPIELVORSCHLÄGE:

Speise- und Getränkekarten aus vier verschiedenen Lokalen, also mit verschiedenen Preisen, werden vorbereitet. Sie enthalten: Vorspeisen, Suppen, Hauptspeisen, Nachspeisen und Getränke. Auf jeder Speisekarte steht auch der Name des Lokals (siehe Kopiervorlage!). Vier „Wirte" nehmen eine Speisekarte „ihres" Lokals und stellen ein Menü zusammen, bestehend aus Vorspeise (oder Suppe), Hauptspeise, Nachspeise und Getränk. Sie rechnen auch den Gesamtpreis aus. Die Menüs präsentieren sie nun ihren „Gästen". Die Gäste entscheiden sich für ein Lokal. Jetzt weiß jeder Wirt, wie viele Gäste er zu bedienen hat – und er kann auch gleich die Gesamteinnahmen für diesen Tag errechnen. Welcher Wirt hat am meisten eingenommen?
Jeder „Gast" erhält (wahllos) eine Speisekarte. Jetzt bricht ein Wetteifern unter den Gästen aus, die alle das billigste Menü (wie oben) zusammenstellen wollen!

Variante:
- Ein Paar (zwei Gruppen) kommt mit einem fixen Menüwunsch (auf Zetteln vorbereitet!) ins Dorf (das sind vier Tische mit vier verschiedenen Speisekarten). Wer findet zuerst den Wirt mit dem billigsten Angebot?

In jedem der vier Gasthäuser (= 4 Tische) sitzen gleich viele Gäste. Sie wollen alle etwas trinken und geben die Bestellungen auf. Welcher Wirt kann am schnellsten zusammenrechnen?

Variante:
- Wie oben, doch die „Gäste" wollen ein „Menü" – die Wirte nehmen die Bestellungen auf und eilen in die Küche. Bald wird serviert – und die Rechnung präsentiert! Doch die Wirte haben durchwegs zuviel berechnet! Aber die Gäste haben auch gerechnet und weisen dem Wirt den Fehler nach! („Sie haben das Cola doppelt gerechnet!")

5.2. Ihre Fahrkarte bitte!

ZIELE:

- Zahlen lesen und vergleichen ■ Preise vergleichen
- Einkauf

VORBEREITUNGEN:

Fahrkarten werden gesammelt, gelesen und analysiert. Die Schüler stellen selbst Fahrkarten nach Mustern her, wobei deren Anzahl der Schülerzahl (Gruppenstärke) entsprechen soll. In jedem „Fahrkartenpäckchen" sind jedoch auch solche mit Fehlern zu finden (falsches Datum, falscher Fahrpreis).

SPIELVORSCHLÄGE:

Jeder Mitspieler erhält eine Fahrkarte und setzt sich in den „Zug" (entsprechend aufgestellte Sessel). Der Schaffner kommt, um die Fahrkarten zu kontrollieren. Wird er die „gefälschte" Fahrkarte finden? Umsteigen: Neue Fahrkarten, anderer Schaffner.

Varianten:
- Es kann sich auch ein „blinder Passagier" einschleichen. Ein Gruppenleiter übergibt dem Schaffner die gesammelten Fahrkarten. Wird er entdecken, daß eine Karte fehlt? (Sanduhr verwenden!)
- Entdeckt der Schaffner die falsche Karte nicht, folgt der Kontrollor. Er kontrolliert die Fahrkarten noch gründlicher – jedoch nur stichprobenartig!

Die Fahrkarten werden gemischt. Sie liegen beim „Fahrkartenschalter“ auf. Jeder Passagier erhält irgendeine Fahrkarte. Man setzt sich in den Waggon und beginnt die Fahrkarten zu vergleichen. Jene mit dem niedrigsten Fahrpreis müssen an der nächsten Haltestelle aussteigen, die mit dem nächsthöheren Fahrpreis an der übernächsten usw. Ein „Zugbegleiter“ ruft die Stationen aus.

Variante:

- Nach der ersten und nach jeder weiteren Station kommt der Schaffner und kontrolliert die Fahrkarten. Es kommt auch vor, daß ein Passagier weiter fährt, als erlaubt! Viel Zeit hat der Schaffner nicht, denn bald ruft der Spielleiter: „Zug fährt ab!“ Wie viele „Schwarzfahrer“ kann der Schaffner nach vier Stationen entdecken?

5.3 Post sortieren

Ziele:

■ Zahlen ordnen ■ Mengenbildung nach Zahlenbereichen

Vorbereitungen:

Jeder Schüler bringt etwa fünf Poststücke (Ansichtskarten, Postkarten, Briefe ...) mit inländischen Briefmarken mit.

Spielvorschläge:

Briefe sortieren: Zwei oder mehrere „Briefträger“ bekommen eine gleiche Anzahl von Poststücken zum Sortieren. Sieger ist, wer zuerst mit dem Sortieren fertig ist. Möglichkeiten der Sortieraufträge:

1. nach Inlands- und Auslandspoststücken,
2. nach der Postleitzahl, beginnend mit der kleinsten,
3. nach den Hausnummern, beginnend mit der kleinsten,
4. nach geraden und ungeraden Hausnummern.
5. Sortieren der Inlandspoststücke nach dem Wert ihrer Briefmarken.

Gruppenbildungsspiele:
Der Briefträger ruft die Namen der Empfänger auf seinen Poststücken aus. Die Mitspieler melden sich als Empfänger, wenn ihnen der Name gefällt – bis jeder einen Brief empfangen hat. Briefträger: „Bildet zwei Gruppen: Briefe aus dem Ausland, Briefe aus dem Inland!“ Oder: „Bildet zwei Gruppen: Hausnummern unter 100, Hausnummern über 100!“ Oder: „Bildet Gruppen: Die Postleitzahlen sollen den gleichen Tausender haben!“

Platzwechselspiele:
Der Briefträger verteilt an jeden Spieler ein Poststück und nennt dann Kriterien für den Platzwechsel im Sesselkreis. Beispiele: „Alle wechseln den Platz, die eine Postleitzahl unter 5000 haben!“ „Alle wechseln den Platz, die eine Hausnummer unter 50 haben!“ „Alle wechseln den Platz, deren Briefmarke weniger als acht Schilling wert ist!“

5.4 Mathematik in Katalogen

Ziele:

■ Zahlenraum bis 1000 (bzw. bis 10.000) ■ Mehrstellige Zahlen lesen und vergleichen ■ Sicherheit im Zahlenraum ■ Addition

Vorbereitungen:

Ausreichend Kataloge von Versandhäusern

Spielvorschläge:

Jeder Spieler der Gruppe hat einen Katalog vor sich liegen. Blind wird irgendeine Seite aufgeschlagen. Der Spieler, der die höchste (niedrigste) Seitenzahl erwischt hat, wählt eine Ware aus und nennt den Preis. Wer von den Mitspielern findet einen Warenpreis, der diesem am nächsten kommt oder gar gleich hoch ist? Wer am nächsten kommt, erhält einen Punkt, wer einen gleichen Preis findet, kriegt zwei Punkte. In der nächsten Runde ruft ein anderer Mitspieler den ersten Preis aus.

Varianten:
- Spieler A ruft einen Preis, die Mitspieler suchen möglichst rasch höhere (niedrigere) Preise.
- Wieder wird eine Seite blind aufgeschlagen. Wer findet den höchsten (den niedrigsten) Preis? Wer findet Preise über tausend (unter hundert) Schilling? Wer findet die meisten Waren mit dem gleichen Preis?

Paare, kleine Gruppen: Alle haben die gleiche Katalogseite vor sich liegen. Ein Spielleiter stellt Additionsaufgaben, indem er z. B. sagt: „Ich kaufe die Spieluhr, die Kegelbahn und den Pinguin!“ Die Mitspieler suchen die Waren und addieren die Preise. Dann werden Katalogseiten und Spielleiter gewechselt.

5.5 Preislistenspiel

ZIELE:

- Grundrechnungsarten
- Rechnungen erfinden

VORBEREITUNGEN:

Preislisten (siehe Kopiervorlage!), zwei Würfel, Kärtchen mit Operationszeichen (+, –, x, :)

SPIELVORSCHLÄGE:

Das Spiel kann auch alleine gespielt werden. Der Spieler würfelt mit beiden Würfeln, addiert die Augenzahlen und sucht die entsprechende Warennummer auf der Preisliste. Dann zieht er ein Kärtchen mit einem Operationszeichen und führt mit dem Warenpreis eine Rechenoperation durch.

Varianten:
- Spielen Paare oder Gruppen, wird vorher ein Ziel vereinbart, z. B.: Wer erzielt nach fünf Runden die höchste (niedrigste) Gesamtsumme, wenn er alle seine Ergebnisse addiert?
- Jeder Spieler würfelt mit beiden Würfeln jeweils dreimal hintereinander und addiert die so gefundenen Warenpreise. Hier geht es um den höchsten Gesamtpreis nach fünf Runden.

5.6 Kinderalltag

ZIELE:

- Textrechnungen erfinden
- Maße und Alltagssituationen in Verbindung bringen
- Rechnen mit Maßen

VORBEREITUNGEN:

Kopiervorlage

SPIELVORSCHLÄGE:

Es wird je ein Stapel mit Situationskärtchen und Maßkärtchen auf den Tisch gelegt. Jeder Spieler zieht von jedem Stapel ein Kärtchen. Er versucht nun, zur angegebenen Situation eine Rechengeschichte zu erfinden, in welcher auch das angegebene Maß vorkommt. Dann mischt er das Kärtchen wieder in den Stapel. Für die gelungene Lösung der Aufgabe bekommt der Spieler einen Punkt.

Varianten:
- Alle Situations- und Maßkärtchen werden auf dem Tisch sichtbar aufgelegt. Je zwei Spieler denken sich ein Rollenspiel zu einer Situation aus. Sie stellen diese Situation dar und lassen die Zuschauer raten, welche Situations- und Maßkärtchen auf dieses Rollenspiel zutreffen.
- Alle Situations- und Maßkärtchen werden mit dem Rücken nach oben auf dem Tisch verteilt aufgelegt. Entsprechend der Spielregel von „Memory“ können Kärtchenpaare gesucht werden.
- Nonsenstextrechungen können erfunden werden, indem man mit einem Situationskärtchen ein nicht passendes Maßkärtchen kombiniert.

5.7 Texte mit Material

Ziele:

■ Einfache Textaufgaben mit Hilfe von Material legen ■ das Rechenergebnis und Rechenmaterial miteinander vergleichen ■ Zählen ■ Einmaleins

Vorbereitungen:

Kopiervorlagen (S. 86–88)

Soweit es sich nicht um Textaufgaben mit Maßen handelt, können Textaufgaben in erster Linie nur im Zahlenbereich bis 100 – also mit kleineren Mengen von Material – dargestellt werden. So lassen sich alle in der 1. und 2. Schulstufe vorgesehenen Rechenoperationen anschaulich und hantierend durchführen. Es können Textaufgaben aller Art mit Material, das in jedem Schulhaus vorhanden ist, veranschaulicht werden.
Auch in der dritten Klasse ist es noch weitgehend möglich, einen großen Teil der Textaufgaben durch „Material auf dem Tisch" zu beleben.

Spielvorschläge:

Stationsbetrieb: Die Kärtchen laut Kopiervorlagen werden gemeinsam mit den dazugehörigen Materialien auf verschiedenen Tischen aufgelegt und im Stationsbetrieb von den Schülern gelöst. Im gemeinsamen Unterricht werden dann die Ergebnisse besprochen.

Offenes Lernen: Die Materialien liegen geordnet und gemeinsam mit den Kärtchen zur freien Entnahme im „offenen Unterricht" auf.

Wochenplan: Teile der Aufgaben können als Aufträge in die Wochenplanarbeit der Schüler integriert werden.

5.8 Alles klar, Herr Kommissar?

Ziele:

■ Texten Rechenaufgaben entnehmen

Vorbereitungen:

Kurzkrimis (siehe Kopiervorlagen!)

Spielvorschläge:

Ein Spielleiter (ein Partner dem anderen) liest den Krimi vor. Die Mitspieler versuchen den „Fall" rechnerisch zu lösen – und vergleichen sodann ihre Ergebnisse.

Variante:
■ Eine Gruppe stellt der anderen ihren „Fall" vor. Welche Gruppe konnte den „Fall" schneller lösen?

Paare: Beide Spieler ziehen je einen „Fall" aus den Vorlagen und machen sich an dessen Lösung. Ohne ihre Lösungen zu verraten, tauschen sie dann die Zettel und lösen auch den „Fall" des Partners. Zum Schluß werden beide Lösungen miteinander verglichen.

Hinweise: Solche „Krimis" werden die Schüler bald selbst verfassen können. Es können natürlich auch die Zahlen ausgetauscht werden, um mehrere Varianten zu erhalten.

5.9 Mathematische Zwiegespräche

Ziele:

■ Dialogen Rechenaufgaben entnehmen und Lösungsstrategien entwickeln ■ Übertragung vom Konkreten ins Abstrakte

Vorbereitungen:

Texte vorbereiten (siehe Kopiervorlagen!)

Spielvorschläge:

Paare tun sich zusammen und ziehen einen Text (Dialog). Sie bereiten sich vor und spielen diesen Dialog den anderen Mitspielern vor. Die Mitspieler versuchen paarweise, die Lösung der im Dialog versteckten Rechenaufgabe zu finden und zu errechnen.

Varianten:

- Das Paar, das die Lösung zuerst gefunden hat, darf den Dialog, in den es das Ergebnis einbaut, zu Ende führen.
- Der Dialog wird so weitergeführt, daß wohl die Lösung geboten wird, doch endet er mit einer neuen kniffligen Aufgabe! So kann eine richtige Dialogserie entstehen.
- Aus dem Publikum können auch Fragen kommen, wenn weitere Angaben erwünscht sind. Die Spieler dürfen dann Zahlen erfinden, die dem Thema entsprechen sollen.

Hinweise: Das im Dialog versteckte Rechenproblem sollte möglichst im Rollenspiel veranschaulicht werden. Die im Dialog vorkommenden Zahlen können bei Bedarf ausgetauscht werden. Dieses Spiel sollte öfter gespielt werden, damit die Schüler Spielhemmungen abbauen. Mit der Zeit werden die Schüler selbst Dialoge schreiben!

5.10 Reizwortgeschichten

Ziele:

- Verständnis für Textaufgaben
- Rollenspiel

Vorbereitungen:

Kärtchen mit den Zahlen von 1 bis 100, Memorybilder

Spielvorschläge:

Aus der Zahlenschachtel nimmt ein Spieler blind drei Kärtchen. Diese drei Zahlen sollen in einer Geschichte vorkommen, die er erzählen soll.
Beispiel: Auf der Straße begegneten einander einst drei Lehrerinnen. Sie unterrichteten in der Volksschule und hatten viel zu erzählen. „Ich habe heuer nur 17 Schüler in meiner Klasse, aber dafür zählt jeder für zwei, weil sie so lebhaft sind!" Die älteste der drei Lehrerinnen meinte darauf mild lächelnd: „Als ich anfing zu unterrichten, hatte ich 33 Kinder in der Klasse. Und die waren so brav, daß man hätte glauben können, es seien nur halb so viele Schüler anwesend!"

Variante:

- Schüler, die schon einige Übung im Geschichtenerzählen haben, können die Anzahl der Reizwörter steigern. Sie können auch abwechselnd eine Zahl und ein Memorybild ziehen.
  Beispiel: 13 Frösche, 2 Sonnen, 35 Bäume, 99 Regenschirme. Damit soll nun eine Geschichte erzählt werden.

5.11 Textrechnungen würfeln

Ziel:

- Anwendung der Grundrechnungsarten in Textrechnungen

Vorbereitungen:

Textaufgabensammlung, ein Operationszeichenwürfel mit +, −, :, x, Bruch, %; ein Spielwürfel

Spielvorschläge:

Mehrere Spieler suchen sich beliebige Textrechnungen aus. Sie besprechen die Operation(en), die zur Lösung dieser Aufgabe notwendig ist (sind).

Nun wird reihum gewürfelt. Derjenige, der als erster das richtige Operationszeichen für die erste Textaufgabe gewürfelt hat, löst diese auf seinem Notizblock. Die anderen fahren mit dem Würfeln fort. Sie sind nun auf der Suche nach dem Operationszeichen für die zweite Textrechnung. Wer eine Textaufgabe gelöst hat, beteiligt sich weiter am Würfeln. Sieger ist, wer die meisten Textaufgaben richtig gelöst hat.

Variante:

- Mit dem Spielwürfel wird eine Zahl gewürfelt, die in einer Textaufgabe vorkommen muß. Man einigt sich auch, wievielstellig das Ergebnis sein muß. Schließlich wird mit dem Operationswürfel gewürfelt. Nun kann das Textaufgaben-Erfinden losgehen.

5.12 Es war einmal eine Fee

ZIELE:

▪ Wünsche und Zahlen in Verbindung bringen ▪ Geld- und Mengenrelation ▪ Textrechnungen

VORBEREITUNGEN:

Der Spielleiter erzählt die Geschichte von der Fee:

„Es war einmal ein Kind, das war immer traurig. Es weinte Tag und Nacht, und niemand konnte es trösten – nicht seine Mutter, sein Vater, seine Freunde, nicht die größten Spaßmacher und auch nicht die besten Ärzte. Jeder schüttelte nur verzweifelt den Kopf, und alle sagten: ‚Unzufrieden! Dieses Kind ist und bleibt unzufrieden!‘ Und das wunderte alle sehr. Denn dieses Kind hatte alles: genug gutes Essen, genug schönes Spielzeug, ein großes gemütliches Kinderzimmer, liebe Eltern, Geschwister und Freunde, Taschengeld und alles andere, was Kinder sich üblicherweise wünschen. Wenn jemand zum Beispiel fragte: ‚Hast du keine Freunde?‘, da konnte es passieren, daß das Kind antwortete: ‚Ja schon, aber zu wenige.‘ Oder es sagte: ‚Ja schon, aber es sind zu viele.‘ und heulte schon wieder los. ‚Dir kann nur noch eine gute Fee helfen‘, seufzte die Mutter eines Tages, als wieder einer der besten Fröhlichmacher des Landes laut schimpfend und mit Tränen in den Augen das Haus verlassen hatte.

Noch in der gleichen Nacht geschah es, daß das Kind meinte, ein Geräusch in seinem Zimmer gehört zu haben. Und da stand sie: Eine Fee, ja, eine richtige Fee, als ob sie gerade der geheimnisvollsten Seite des Märchenbuches entschlüpft wäre.

Sie blinzelte dem Kind zu und sagte: ‚Willst du zufrieden werden?‘ Und nachdem das Kind kurz genickt hatte, flüsterte die Fee: ‚Dann will ich dir ein Geheimnis verraten. Es ist ein Spiel, das ich weiß. Wer dieses Spiel mit mir spielt, ist nachher noch unglücklicher als je zuvor, oder aber er wird zufrieden sein. Willst du das Spiel wagen?‘ Wieder nickte das Kind kurz unter seiner Bettdecke hervor, und so sprach die Fee: ‚Hier habe ich ein Buch mit 1000 Dingen und 1000 Zahlen. Ich werde dir drei Dinge nennen. Du nennst nach jedem dieser Dinge eine Zahl. Diese sagt mir, wie oft du dieses Ding haben möchtest. Bist du mit deiner Zahl näher an den Zahlen in meinem Buch als alle anderen Kinder, mit denen ich dieses Spiel bisher gespielt habe, werden deine drei Wünsche in Erfüllung gehen – heute, morgen oder später.“

Der Spielleiter diskutiert nach dem Vorlesen der Geschichte die Mengen-Zahl-Relation: Die Zahl sollte üppig, aber nicht zu unbescheiden ausfallen. Wer zu bescheiden ist, hat auch keine Chance, zu gewinnen. Die Schüler verfassen nun in Kleingruppen Listen mit je zehn Wünschen und schreiben eine Zahl dazu. Diese Zahl soll eine realistische Angabe beinhalten.

Beispiel:
Rosen: 100
Taschengeld: 50 S/Woche
Puppen: 5

SPIELVORSCHLÄGE:

Eine Gruppe nennt der anderen ein Ding von seiner Liste. Die anderen schreiben, jeder für sich, eine Zahl auf einen Notizblock. Wer von den anderen Gruppenmitgliedern näher an der in der Liste angeführten Richtzahl ist, ist Sieger, und er wird „Zufriedenheit erlangen“. Wer ist der Gesamtsieger in der Klasse? Er hat „Zufriedenheit“ gewonnen.

Variante:

- Gegenstände werden versteigert. Bei der Auktion gewinnt derjenige Spieler, der dem (geheimen) Versteigerungswert des Auktionsgegenstandes am nächsten kommt.

5.13 Daumenkino

ZIELE:

■ Zahlenreihen ■ Selber Textaufgaben erfinden

VORBEREITUNGEN:

Kleine Zettel zusammenheften, Bleistift

SPIELVORSCHLÄGE:

Eine Zeichnung wird auf jeder Seite des Daumenkinos geringfügig verändert, sodaß eine kleine Handlung entsteht, die nachher zum Erfinden einer Textaufgabe verwendet werden kann.

Variante:

- Eine Handlung wird mit dem Bleistiftwackelbild dargestellt und als Impuls zum Erfinden einer Textrechnung verwendet.
  Beispiel: Wieviel Stück Brennholz entstehen bei 13mal Holzspalten?

Man heftet 10 bis 20 kleine Zettel (ca. 4 x 4 cm) zu einem kleinen Block zusammen.
Auf jede Seite des Blocks schreibt man eine andere Zahl, sodaß eine Zahlenreihe entsteht. Man baut in die Zahlenreihe einen Fehler ein. Ein Spielpartner bekommt nun den Auftrag, die Seiten des Daumenkinos möglichst rasch durch seine Finger flutschen zu lassen. Ist ihm der Fehler aufgefallen?

5.14 Das Telefonbuch

ZIELE:

■ Zahlen rasch lesen, finden und vergleichen ■ Zahlen verschlüsseln ■ Logisches Denken ■ Akustische und optische Wahrnehmung ■ Rollenspiel ■ Symmetrie

VORBEREITUNGEN:

Genügend Telefonbücher (Kopien)

SPIELVORSCHLÄGE:

Die Mitspieler haben dieselbe Seite eines Telefonbuches vor sich liegen. Der Spielleiter nennt eine Telefonnummer. Wer sie zuerst gefunden hat, liest den dazugehörigen Namen, läuft zum Telefon, das in einer Ecke der Klasse steht, und meldet sich mit dem entsprechenden Namen. Das Telefon kann auch in der Mitte des Sitzkreises stehen, oder man einigt sich darauf, daß der Spieler aufsteht und pantomimisch den Hörer in die Hand nimmt, um sich zu melden. Ein Gespräch kann folgen.

Eine längere Telefonnummer wird im Flüsterkreis weitergegeben – kommt die richtige Nummer an?

Variante:

- Der Spielleiter versucht, den Spielern (ein Partner dem anderen) stumm, als wäre da eine Glasscheibe dazwischen, eine Telefonnummer mitzuteilen. Die Spieler versuchen die Nummer von den Lippen abzulesen und schreiben sie auf. Nacheinander wählen sie nun, laut die Nummer nennend, der Spielleiter meldet sich natürlich nur bei der „richtigen" Nummer, aber unter dem Namen, der zur Nummer gehört.

Die Geheimnummer: Man einigt sich auf einen „Schlüssel" (zu jeder Ziffer wird eins addiert – 9 wird also 0, und 0 wird dann 1, oder man zählt jeweils 1 weg, man kann auch einfach die Nummer von hinten lesen, ...).
Jetzt verschlüsselt jeder seine Telefonnummer und schreibt sie für sich auf ein Kärtchen. Die Kärtchen werden gemischt und an die Mitspieler verteilt. Nun wird

eifrig entschlüsselt. Im Sitzkreis „wählt" dann der erste Spieler laut die von ihm dechiffrierte Nummer – wer meldet sich da? Nach einem kurzen Gespräch kommt der zweite Spieler an die Reihe.

Variante:
- Der Schlüssel wird nicht bekanntgegeben – es stehen drei Schlüssel zur Wahl, um die Nummern zu entschlüsseln. Man schreibt die verschlüsselten Nummern auf Kärtchen und verteilt diese – gut gemischt – wieder. Beim Entschlüsseln erhält man jetzt drei Nummern (mit drei Schlüsseln).
  Wer tippt gleich auf Anhieb auf die richtige Nummer? Ihr „Besitzer" meldet sich.

Man wählt im Telefonbuch zwei kleinere Orte mit eigener Vorwahl aus und forscht, ob es zwei identische Telefonnummern gibt (oder auch solche, die voneinander nur um eine Ziffer abweichen).

Telefonnummern kann man auch „untersuchen": Gerade oder ungerade? Kommen Ziffern öfter vor? Steckt in der Nummer eine Serie (234, 678 ...)? Wie sieht es mit der Ziffernsumme aus? Findet man eine gewisse Symmetrie (8338, 742247 ...)?

Welche Telefonnummer würde dir am besten gefallen?

5.17 Textrechnungen schütteln

ZIELE:

- Mit zufällig vorgegebenen Zahlen Rechenoperationen und Textrechnungen erfinden
- Grundrechnungsarten
- Zahlenraum bis 100

VORBEREITUNGEN:

In einer Schuhschachtel liegen Kärtchen (5 x 5 cm) mit Zahlen von 1 bis 100: 20 Operationskärtchen und 20 Situationskärtchen

SPIELVORSCHLÄGE:

Bei geschlossenem Schachteldeckel wird die Schachtel geschüttelt. Beim Öffnen des Deckels sind nun Zahlen zu entdecken. Mit mindestens zwei dieser Zahlen wird nun eine Rechenoperation durchgeführt, wobei es dem Spieler freigestellt ist, welche Rechnungsart er verwendet.

Varianten:
- In der Schachtel befinden sich 20 Kärtchen mit den Operationszeichen +, –, x, :. Beim Rechnen dürfen nur Operationen von sichtbaren Operationskärtchen eingebaut werden.
- In der Schachtel befinden sich zusätzlich Kärtchen, die Situationen angeben, in deren Bereich das Rechenproblem zu lösen ist.

Beispiel für Situationskärtchen:
- Beim Wandern
- Im Lebensmittelgeschäft
- Eintrittsgeld
- Im Garten
- Im Klassenzimmer
- Urlaubsreise
- Menschenmengen
- Taschengeld

- Schwierigere Rechnungen können entstehen, wenn auch Kärtchen mit drei- oder vierstelligen Zahlen beigemengt sind.

6. Interaktion mit Mathematik

6.1 Obstsalat

ZIEL:

- Einbau von mathematischen Merkmalen in Gruppenspiele

VORBEREITUNGEN:

Kärtchen mit Einmaleinsreihen, Geomat-Plättchen

SPIELVORSCHLÄGE:

Im Sesselkreis: Der Spielleiter flüstert den Schülern Malsätzchen ins Ohr: A: 6 x 4, B: 5 x 8, C: 3 x 6, D: 6 x 4, E: 5 x 8, … Ruft er dann z. B. „40!“, wechseln jene Mitspieler den Platz, denen er „5 x 8“ ins Ohr geflüstert hatte.

Varianten:
- Der Spielleiter kann auch „rund“ oder „eckig“ ins Ohr flüstern, und ruft er dann „Kugel“, wechseln die „Runden“ die Plätze.
- Es werden Geomat-Plättchen verteilt. („Dreiecke!“ …)
- Die Spieler ziehen Kärtchen mit Zahlen aus Einmaleinsreihen – „Viererreihe!“
- Die Unterscheidungsmerkmale des „Fragebogens“ (siehe Kopiervorlage Seite …!) können als Variante dienen. (Beispiel: „Wer sechs Räume in seiner Wohnung hat, wechselt den Platz!“)

Hinweise:
„Obstsalat“ ist ein altbewährtes Spiel, das sich auch sehr gut für die Gruppenbildung eignet. (Alle „Runden“ gehen zusammen!) Varianten dieses Spieles können als Einstieg oder Ergänzung zu anderen Spielvorschlägen in diesem Buch verwendet werden.

6.2 Flüsterspiele

ZIELE:

- Einmaleins
- Kontakt
- Wettbewerb
- Fehler wahrnehmen
- Addieren

SPIELVORSCHLÄGE:

Rechnung und Ergebnis:
Im Sesselkreis wird reihum abwechselnd Rechnung und Ergebnis weitergeflüstert.
Beispiel:
Spieler A flüstert seinem linken Nachbarn – dem Spieler B – ins Ohr: „3 x 5“, dieser flüstert dem Spieler C „15“ ins Ohr, dieser flüstert wiederum „3 x 5“ weiter, der nächste wiederum „15“.

Aufzeigen:
Ein Spieler flüstert halblaut die Zahlen einer Einmaleinsreihe. Irgendwann streut er eine falsche Zahl ein. Jeder Mitspieler, dem das auffällt, zeigt auf.

Varianten:
- Einem „Flüsterer“ sitzen zwei Zuhörer gegenüber. Welcher von den beiden reagiert schneller bei einem Fehler? Der Gesamtssieger nach fünf Durchgängen ist der neue Flüsterer.
- Andere Fehler: Geometrische Formen werden geflüstert, Fehler: Flächen
  – Bruchzahlen / ganze Zahlen
  – gerade / ungerade Zahlen
  – Gewichtsmaße / Längenmaße

- Monatsnamen / Wochentage
- dreistellige Zahlen / zweistellige Zahlen
- reine Zehner / gemischte Zehner

Durchfragen:
10 Spieler stellen sich in einer Reihe im Raum auf, nachdem die anderen den Raum verlassen haben. Man einigt sich nun auf eine Einmaleinsreihe (z. B. auf die Dreierreihe). Jeder der 10 Spieler übernimmt nun eine andere Zahl aus der Einmaleinsreihe. Dann gehen alle ständig kreuz und quer durch den Raum. Nun kommen die anderen wieder herein. Ihnen wird mitgeteilt, daß sie als erstes den Dreier suchen müssen. Sie eilen nun von einem zum anderen und flüstern diesem die Frage ins Ohr: „Bist du der Dreier?" Alle, bis auf denjenigen, der bei der Spielvorbereitung den Dreier übernommen hat, werden diese Frage verneinen. Wer aber auf den Dreier trifft, bekommt von diesem die Antwort zugeflüstert. „Ja, ich bin der Dreier, suche jetzt den Sechser." Dieser Spieler sucht nun flüsternd den Sechser und wird von diesem, sobald er ihn gefunden hat, zum Neuner geschickt. Wer sich am schnellsten durch dieses Wirrwarr durchgeflüstert hat und beim Dreißiger angelangt ist, ruft STOP. Er ist der Sieger.

Flüstersumme:
Es werden fünf Gruppen gebildet. Der Spielleiter flüstert jeder Gruppe eine einstellige Zahl zu. Nun gehen alle Spieler im Raum umher und flüstern sich ganz leise gegenseitig ihre Zahl ins Ohr. Es gilt, die Gesamtsumme aller Zahlen so schnell wie möglich zu finden. Wer diese Gesamtzahl als erster ruft, ist der nächste Spielleiter.

Varianten:
- Mit zweistelligen Zahlen.
- Die einstelligen Zahlen müssen multipliziert werden.

6.3 Fragebogen

ZIELE:

■ Persönliche Daten in Form von großen und kleinen Zahlen auswendig kennen ■ Zahlen bestimmten Aussagen zuordnen können ■ Zahlen vergleichen

VORBEREITUNGEN:

Als Hausübung wird der Fragebogen (siehe Kopiervorlage!) gelöst (Zahlen dazuschreiben).

SPIELVORSCHLÄGE:

Kofferpacken:
Jeder Spieler gibt eine Tatsache von sich (laut Fragebogen) im Sesselkreis bekannt. Jeder Spieler, der an der Reihe ist, wiederholt (wie beim Spiel „Kofferpacken") alle bisherigen Aussagen und fügt eine eigene Aussage hinzu.

Hinlaufspiel:
Jeder Spieler hat eine beliebige Aussage laut seinem Fragebogen im Sesselkreis bekanntgegeben. Nun wiederholt ein Spieler eine Aussage, die er vorhin gehört hat, z. B.: „Ihr Großvater ist im Jahr 1939 geboren." Wer hat das vorhin erzählt? Wer dieser Person als erster die Hand schüttelt, darf das nächste Rätsel stellen.

Unsinnige Antworten:
Jede Kleingruppe nimmt eine Frage aus ihrem Fragebogen, z. B. das Geburtsjahr des Großvaters.
Auf Fragen der anderen Gruppen antwortet jedes Gruppenmitglied (welche Frage auch immer gestellt wird) mit dieser Jahreszahl. Beispiel: Frage: „Wie viele Geschwister hast du?" Antwort: „1939."
Die „Fragegruppe" versucht nun zu erraten, welche Frage von der „Antwortgruppe" eigentlich beantwortet wurde.

Platzwechselspiel:
Der Spielleiter nennt „Platzwechselkriterien", die sich auf den Fragebogen beziehen, z. B.: „Alle wechseln den Platz, deren ältestes Familienmitglied jünger als 32 Jahre alt ist." (Siehe auch 6.1 Obstsalat)

Partnerinterview:
Spieler A nimmt seinen Fragebogen zur Hand und interviewt den Spieler B. Wie viele Fragen kann dieser auswendig beantworten?
Was ergibt der Vergleich der Daten der beiden Partner? Mit welchem Schüler meiner Klasse habe ich die meisten Gemeinsamkeiten?
Wer ist das?
Jeder Spieler liest einen fremden „Steckbrief" vor.
Was ist das?
Jeder Spieler schreibt die „Antwortzahlen" durcheinander auf einen Zettel. Sein Partner schreibt die dazupassenden Stichwörter dazu.
Beispiel: 180 cm: Weitsprung; 3500 g: Geburtsgewicht

6.4 Rekordversuche mit der Stoppuhr

ZIELE:

■ Zeitdauer schätzen und messen ■ Durchschnitt berechnen ■ Kooperation ■ Geschicklichkeit ■ Zeit-Weg-Relation

SPIELVORSCHLÄGE:

Zwei auf einem Stuhl:
Zwei Spieler versuchen, eine abgemessene Strecke im Raum möglichst schnell zurückzulegen, indem sie immer zu zweit – ohne den Boden zu berühren – auf einem Stuhl stehen und einen zweiten Stuhl, der hinter ihnen steht, nach vorne ziehen, um nun auf diesen Stuhl zu steigen.

Bierdeckellauf:
Ein Spieler steht mit dem linken und rechten Bein auf je einem Bierdeckel. Der Spielpartner hat zwei weitere Bierdeckel zur Verfügung, um sie dem „Bierdeckelwanderer" so hinzulegen, daß er weitergehen kann. Der Helfer holt dann die hinten inzwischen freigewordenen Bierdeckel wieder nach vorne. Wer brauchte die wenigsten Schritte, um eine bestimmte Strecke zurückzulegen?

Trinkhalmstaffel:
Jeder Spieler hat einen Trinkhalm. Durch Ansaugen mit dem Trinkhalm wird versucht, möglichst schnell ein etwa 4 cm^2 cm großes Papierplättchen reihum im Kreis weiterzugeben.

Groschenstaffel:
Der erste Spieler legt ein Groschenstück auf seinen Daumen. Der nächste im Kreis legt seinen Daumen darauf, nun werden die aneinandergepreßten Daumen so gedreht, daß der zweite Spieler den Groschen, der nun auf seinem Daumen liegt, alleine an den nächsten Spieler weitergeben kann.

Zeitungspapierschlange:
Welche Gruppe kann möglichst schnell die längste Zeitungspapierschlange aus einem Zeitungsblatt reißen, wobei das Zeitungsblatt nach einer gewissen Zeit immer an den nächsten Spieler weitergegeben werden muß.

Luftballonplatzen:
Wie viele Luftballons können innerhalb kürzester Zeit hintereinander durch Aufblasen zum Platzen gebracht werden? Der nächste Spieler beginnt jeweils mit dem Aufblasen seines Ballons, wenn der vorhergehende Ballon geplatzt ist.

Klemmball:
Die Spieler sitzen im Kreis am Boden. Ein Gymnastikball wird zwischen die Füße geklemmt und ohne Zuhilfenahme der Hände und ohne den Boden zu berühren von Spieler zu Spieler weitergereicht. Andernfalls muß wieder von vorne begonnen werden. Wieviel Zeitverlust brachte im Durchschnitt ein Neubeginn?

Mikadostaffel:
Mit zwei parallel gehaltenen Mikadostäbchen wird ein dritter Mikadostab, der quer darübergelegt ist, an den nächsten Spieler, der ebenfalls zwei Mikadostäbe hat, weitergegeben. Der erste Spieler gibt seine beiden Stäbe nun an den dritten Spieler ab, der nun seinerseits vom zweiten Spieler den querliegenden Stab übernimmt.

Streichholzschachtelstaffel:
Sechs Streichholzschachteln wandern hintereinander durch den Kreis. In jeder ist eine andere Anzahl von (1 bis 6) Streichhölzern. Jeder Spieler übernimmt die Schachtel mit einer Hand, öffnet sie, holt die Streichhölzer heraus und gibt sie auf der anderen Seite der Streichholzschachtel wieder hinein, um diese dann an den nächsten Spieler weiterzureichen.

Löffelstaffel:
Jeder Spieler hat einen Teelöffel. Ein Zuckerstück wird von Spieler zu Spieler mit dem Löffel weitergereicht. Erschwernis: Die Löffel werden mit dem Stiel in den Mund genommen.

Reisstaffel:
Zehn Reiskörner sollen mit Hilfe von zwei Stäbchen möglichst schnell in eine Untertasse gehievt werden. Sind alle Körner in der Tasse, werden sie wieder auf den Tisch geleert, und die nächsten zehn Reiskörner wandern in die Tasse. Wie oft konnten zehn Körner innerhalb von zehn Minuten in die Untertasse transportiert werden?

Variante:
- Andere Reismengen zum Üben des Einmaleins.

Tütenblasen:
Durch die Spitze einer Papiertüte wird eine etwa 5 m lange Schnur gefädelt, und diese wird in Kopfhöhe der Schüler aufgespannt. Wer kann die Tüte am schnellsten von einem Ende der Schnur zum anderen blasen?

Mandarinenspaltenstaffel:
20 Mandarinenspalten sollen einzeln mit einer Nadel aufgespießt und von einem Teller zu einem anderen transportiert werden.

Flohhüpfstaffel:
Eine Plastikspielmünze (der Floh) wird am Teppichboden durch Hochschnellenlassen mittels Draufdrücken auf einer Seite des Flohs mit einer zweiten Plastikmünze zum Hüpfen gebracht. Wie viele Sprünge werden für eine Strecke von 5 m gebraucht?

6.5 Falsch!

ZIELE:

- Sicherheit im Zahlenraum und bei den Einmaleinsreihen
- Kopfrechnen

VORBEREITUNGEN:

Genügend Platz, um sich ungehindert bewegen zu können.

SPIELVORSCHLÄGE:

Alle Spieler schließen die Augen und gehen vorsichtig im Raum umher. Begegnen sie einem Mitspieler, geben sie ihm die Hand und nennen ein Malsätzchen aus der Siebenerreihe. Der Mitspieler wird nun auch ein Malsätzchen sagen (A: 3 x 7 = 21, B: 5 x 7 = 35). Doch Vorsicht! Der Spielleiter hat durch Antippen einen „Falschrechner“ bestimmt. Begegnet man diesem, wird er ein Malsätzchen mit einem Fehler sagen (4 x 7 = 29). Da sagt man „Falsch“ und geht weiter – als Falschrechner! Begegnen zwei Falschrechner einander, sind sie erlöst und dürfen wieder richtig weiterrechnen.
Nach einiger Zeit wird das Spiel vom Spielleiter unterbrochen, es geht mit einer anderen Einmaleinsreihe und einem anderen Falschrechner weiter.

Varianten:
- Das Spiel wird schneller zu Ende sein, wenn es die Möglichkeit der „Erlösung“ nicht gibt. Es endet, wenn der letzte Rechner einem Falschrechner begegnet.
- Es können auch andere Rechensätzchen vereinbart werden, der Zahlenraum kann erweitert oder eingeengt werden.

6.6 Hände schütteln

ZIELE:

■ Taktile Wahrnehmung von Zahlen ■ Zahlen in Bewegung umsetzen und umgekehrt ■ Addieren und Ergänzen ■ Gerade und ungerade Zahlen

VORBEREITUNGEN:

Zwei große Würfel (Schaumstoff)

SPIELVORSCHLÄGE:

Jeder Mitspieler entscheidet sich für eine Zahl von 2 bis 10. Jetzt werden die Mitspieler mit Händeschütteln begrüßt, wobei jeder die Hand des anderen so oft schüttelt, wie es der von ihm gewählten Zahl entspricht. Immer zuerst A, dann B! Hat man die Hände aller Mitschüler geschüttelt, stellt man sich zu jenen, die dieselbe Zahl gewählt haben. Welche Zahl kommt am häufigsten vor? Welche Zahl kommt überhaupt nicht vor?

Varianten:
- Treffe ich beim Händeschütteln auf einen Partner mit einer Zahl, die, addiert mit meiner, eine Summe über (unter) 10 ergibt, bleibe ich bei ihm. Welches Paar hat sich am schnellsten gefunden?
- Es wird mit zwei Würfeln gewürfelt, die Augenzahlen werden addiert. Jeder Spieler wählt für sich eine Zahl und beginnt mit der „Begrüßungsrunde“. Trifft er auf einen Mitspieler, dessen Zahl, addiert mit seiner, die gewürfelte Summe ergibt, bleibt er bei ihm. Wer mit Hilfe der Addition keinen Partner finden kann, versucht es mit Malsätzchen. Zum Schluß stellen alle Paare ihr Rechensätzchen vor. Wer jetzt noch immer alleine dasteht, stellt sich zu einem passenden Paar, um sich mit einer der gehörten Zahlen zu helfen.

Beispiel:
2 und 6 wurden gewürfelt. Die Spieler wählen Zahlen zwischen 0 und 8 (1, 2, 3, 4, 5, 6, 7). Ein Schüler, der die Zahl 2 gewählt hat, ist leider alleine geblieben, weil mögliche Partner schon „vergeben“ waren. Er kann sich nun zu dem Paar mit dem Rechensätzchen „4 plus 4 gleich 8“ stellen und sagt: „2 mal 4 gleich 8!“
Der Spielleiter schüttelt dem ersten Spieler im Kreis zweimal (dreimal) die Hand – das bedeutet, daß die geraden (ungeraden) Zahlen bis 10 die Runde machen sollen. Dabei wird nicht gesprochen. Der letzte Spieler im Kreis sagt die Zahl, die er „empfangen“ hat, laut.

Variante:
- Als Aufweckspiel: Alle sitzen mit geschlossenen Augen im Kreis. Ein Spielleiter weckt den ersten Spieler, indem er ihm fünfmal leicht auf dieSchulter klopft. Dieser Spieler öffnet dann die Augen und weckt den nächsten Spieler mit einer ungeraden Zahl. (Regel wie oben!) Wieder nennt der letzte Spieler die Zahl.

6.7 Stadtrundfahrt

ZIELE:

■ Akustische Wahrnehmung ■ Falsche Angaben von richtigen unterscheiden ■ Maßangaben einschätzen

VORBEREITUNGEN:

Die Stühle werden so aufgestellt, daß die Sitzordnung in einem Reisebus dargestellt wird.

SPIELVORSCHLÄGE:

Alle nehmen im Bus Platz. Ein Spieler übernimmt die Rolle des Reiseleiters und beschreibt die Sehenswürdigkeiten, die vom Bus aus zu sehen sind. Gelegentlich baut er in seine Beschreibung falsche Zahlenangaben ein. Wenn einem Spieler ein Fehler auffällt, ruft er STOP. Er bestimmt nun einen Spieler, der vor oder hinter ihm sitzt, den Fehler zu korrigieren. Gelingt ihm das nicht, muß er aus dem Bus aussteigen.
Beispiel: „Vor uns sehen sie die im 17. Jahrhundert erbaute Basilika. In ihr haben 7000 Personen Platz. In der Gasse rechts ist das Haus mit der Hausnummer 3798, das älteste Haus der Stadt.
100 m weiter können sie den 200 mm hohen Stadtturm sehen. Der Wert der darin befindlichen Gemälde wird auf 1 Million Dollar geschätzt.“

Varianten:
- Bei einem Fehler heben alle Spieler die Hand. Der Letzte scheidet aus.
- Man einigt sich auf ein bestimmtes Maß. Es dürfen zum Beispiel vom Reiseleiter nur Längenmaße verwendet werden.
- Der Sprecher ist kein Reiseleiter, sondern ein Lehrer im Unterricht, ein Pfarrer bei der Predigt, ein Sportreporter im Fernsehen, …
  Der größte Angeber der Klasse erzählt; der Angeklagte, der sich bei Gericht in Widersprüche verstrickt, verwendet unglaubwürdige Zahlenangaben.

6.8 Ich wünsche mir eine Zahl her

ZIELE:

- Größer und kleiner ▪ Zahlennachbarn ▪ Stellenwerte ▪ Ein- und mehrstellige Zahlen ▪ Gerade und ungerade Zahlen ▪ Zahlenbereiche

VORBEREITUNGEN:

Jeder Spieler erhält eine Zahl. Im Sesselkreis wird ein Stuhl freigelassen.

SPIELVORSCHLÄGE:

Entsprechend den Regeln des bekannten Spieles „Mein rechter Platz ist leer …“ wünscht sich der Spieler, an dessen rechter Seite der leere Stuhl steht, eine Zahl (bzw. den Inhaber der genannten Zahl) her. Manchmal können mehrere Zahlen zutreffend sein. Welcher der in Frage kommenden Spieler erreicht in diesem Fall zuerst den leeren Stuhl?
Beispiele: Mein rechter Platz ist leer, ich wünsche mir eine ungerade Zahl her (eine Zahl zwischen 15 und 20, den 20er, die um 3 kleinere Zahl, meinen größeren Zahlennachbarn).

6.9 Tempo, Tempo

ZIELE:

- Zehnerschritte ▪ Mengen ▪ Gewicht ▪ Das Doppelte und die Hälfte

VORBEREITUNGEN:

Kassettenrecorder

SPIELVORSCHLÄGE:

Zur Musik laufen alle Spieler kreuz und quer. Der Spielleiter ruft beim Stoppen der Musik eine Geschwindigkeitsangabe (z. B.: 30 km/h), nach der sich alle Spieler beim Umhergehen richten müssen. Wichtig ist, daß nicht alle Spieler im Kreis laufen, sondern daß sie sich kreuz und quer und im Zickzack bewegen. Zusammenstöße sind zu vermeiden. Besonders interessant wird es, wenn der Spielleiter plötzlich eine Geschwindigkeit ruft, die sich von der vorhergehenden stark unterscheidet, sodaß plötzlich das Tempo stark wechselt.

Variante:
- Der Spielleiter ruft immer wieder andere Gewichtsangaben von Lasten, die von den Spielern pantomimisch getragen werden müssen.

Der Spielleiter ruft immer wieder andere Mengen (z. B. 5), worauf sich Schlangen aus entsprechend vielen Mitspielern durch den Raum bewegen müssen.

Varianten:
- Der Spielleiter ruft Mengen von 1 bis 4. Damit wird den Spielern gesagt, mit wie vielen Gliedmaßen sie beim Umhergehen (Hüpfen, Laufen) den Boden berühren müssen.
- Der Spielleiter ruft immer wieder „das Doppelte", worauf doppelt so viele Spieler miteinander eine Schlange bilden. Ruft der Spielleiter „die Hälfte", wird die Anzahl der Glieder in einer Schlange entsprechend reduziert.

6.10 Zahlenketten

ZIELE:

- Sicherheit im Zahlenraum
- Beim Stellenwert

VORBEREITUNGEN:

Zettel

SPIELVORSCHLÄGE:

Im Sitzkreis: Ein Schüler nennt eine zweistellige Zahl, der nächste setzt mit einer Zahl fort, die mit der Einerstelle der erstgenannten Zahl beginnt: 74 – 48 – 83 …
Varianten:
- Dreistellige Zahlen werden genannt.
- Bei dreistelligen (vierstelligen) Zahlen nimmt man die Zehner- und die Einerstelle: 238 – 380 – 805 – 054 – 548 …

In Partnerarbeit wird das Spiel stumm auf einem Zettel so lange gespielt, bis eine Zahl unausweichlich wiederholt werden muß.

6.11 Zahlennonsensgespräche

ZIELE:

- Spontaneität
- Reaktion
- Phantasie
- Kommunikation

SPIELVORSCHLÄGE:

Zwei Spieler einigen sich auf einen kurzen, eindeutigen (vielleicht auch gelesenen) Dialog und führen diesen den anderen Mitspielern so vor, daß sie anstatt des Textes nur Zahlen sagen – mit der entsprechenden Intonation. Wer könnte da miteinander (was) geredet haben?

Varianten:
- Telefongespräche (die Mitspieler sitzen Rücken an Rücken) mit vorgegebenen Rollen (Inhalt) führen.
- Bestimmten Zahlen werden bestimmte Wörter zugeordnet, die sehr häufig vorkommen (5 = nein …).
- Spieler A darf nur gerade, Spieler B nur ungerade Zahlen verwenden.

Hinweise:
Diese Spiele sollen öfter gespielt werden, denn so bekommen die Spieler mehr Sicherheit, und die Zuhörer werden besser verstehen.

7. Mit Würfeln und Spielkarten

7.1 Würfelplusminusmalspiel

ZIEL:

- Sicherheit im Zahlenraum

VORBEREITUNGEN:

Ausreichend Würfel, Zettel

SPIELVORSCHLÄGE:

Jeder der zwei oder drei Spieler hat drei Würfel. Die gewürfelten Augenzahlen müssen so in einer Addition und einer Multiplikation verwendet werden, daß eine möglichst hohe Zahl erreicht wird. Die Ergebnisse werden auf einem Zettel notiert. Wer erreicht überhaupt die allerhöchste Zahl? Wer erreicht die höchste Gesamtsumme nach fünf Runden?

Varianten:
- Ein Schüler würfelt mit den drei Würfeln, alle in der Gruppe versuchen, mit derselben Regel wie oben die höchstmögliche Zahl zu finden.
- Mit einer Subtraktion und einer Multiplikation soll die kleinstmögliche Zahl gefunden werden.

Man verwendet vier Würfel und erweitert die Regeln: Es muß z. B. eine Addition, dann eine Subtraktion und auch eine Multiplikation vorkommen! Wieder geht es darum, die höchste oder die niedrigste Zahl zu erreichen!

Variante:
- Auch eine Vereinfachung der Regeln ist möglich:
  a) 2 Additionen (möglichst große Zahl)
  b) 1 Addition, 1 Subtraktion (möglichst kleine Zahl – jetzt kommt es auf die Kombination der Zahlen an!)

Es dürfen alle vier Grundrechnungsarten angewendet werden. Mit vier Würfeln soll man möglichst nahe an eine bestimmte Zahl herankommen.

7.2 Hundert und mehr!

ZIELE:

- Sicherheit im Zahlenraum
- Vorausschauendes Rechnen
- Addieren

VORBEREITUNGEN:

Spielkartensatz (32 Blatt) – die Spieler kennen den Zählwert der Karten.

SPIELVORSCHLÄGE:

Die Spieler sitzen im Kreis, jeder erhält zwei (drei ...) Spielkarten. Der Spielleiter legt seine Spielkarte in die Mitte und nennt deren „Zählwert“. Der nächste Spieler legt seine Karte dazu und addiert deren „Wert“ und nennt die Summe. So geht es weiter, bis man in die Nähe des vollen Hunderters rückt. Jetzt wird es spannend: Wer wird den Hunderter überschreiten? Taktik ist gefragt! Es kommt darauf an, welche ihrer Karten die Spieler wählen, um den Hunderter zu überspringen oder den „Hundertersprung“ des Nachbarn zu verhindern ... Wer den Hunderter erreicht oder überspringt, ist Sieger in dieser Runde!

Varianten:
- Derjenige Spieler, der den Hunderter erreicht oder überschreitet, ist der Verlierer! Jetzt wird die Taktik noch wichtiger!
- Jedem Spieler steht es zu, einmal zu „passen“ (auszusetzen). Das ist oft sehr günstig, wenn man in die Nähe des Hunderters rückt!
- Ist die Gruppe sehr klein, wird das Kartenpaket verkehrt aufgelegt, und jeder Spieler zieht eine Karte, wenn er an der Reihe ist.

Der „Zählwert“ der einzelnen Karten (vor allem der „Bilder“!) kann von den Spielern vorher festgelegt werden – für alte „Kartenspieler“ sehr reizvoll!

7.3 Hundert – und nicht mehr!

Ziele:

▪ Die Bedeutung des Stellenwertes erkennen

Vorbereitungen:

Würfel, Notizblock

Spielvorschläge:

Es wird paarweise oder in kleineren Gruppen gespielt. Jeder Spieler würfelt mit zwei Würfeln. Mit den gewürfelten Augenzahlen stellt er eine zweistellige Zahl zusammen (zwei Möglichkeiten!) und schreibt diese auf. Die nächste Zahl wird darunter geschrieben und addiert. (?? u. ?? = 25 oder 52)
Doch Vorsicht: Wer den Hunderter überschreitet, hat verloren! Sieger ist also, wer rechtzeitig aufhört und möglichst nahe an den Hunderter herankommt oder ihn gar erreicht!

Varianten:
- Jeder Spieler würfelt mit drei Wüfeln und darf bei jedem Wurf zwei auswählen, um so noch näher an den Hunderter heranzukommen!
- Wieder wird mit drei Würfeln gespielt, doch jetzt werden dreistellige Zahlen zusammengestellt (6 Möglichkeiten!), und es wird versucht, möglichst nahe an den Tausender heranzukommen. Wer ihn überschreitet, hat verloren!
- Mit vier Würfeln pirschen sich die Spieler an den Zehntausender heran!

7.4 Rechenmeister

Ziele:

▪ Kopfrechnen ▪ Wahl der geeigneten Operationen, um ein bestimmtes Ergebnis zu erzielen

Vorbereitungen:

Würfel, Notizblock

Spielvorschläge:

Es spielen Paare oder Gruppen. Jeder schreibt die Zahlen von 10 bis 20 auf. Reihum wird jetzt mit drei Würfeln gewürfelt. Mit den gewürfelten Augenzahlen kann man nun addieren, subtrahieren, multiplizieren und dividieren. Als Ergebnis soll eben eine Zahl zwischen 10 und 20 erreicht werden, die dann aus der Liste gestrichen werden darf: Wer kann zuerst alle Zahlen von 10 bis 20 (von 5 bis 15, von 1 bis 12, ...) streichen?

Variante:
- Wir würfeln wieder mit drei Würfeln, dürfen alle Grundrechnungsarten anwenden, sollen jetzt aber mit unserem Ergebnis möglichst nahe an eine vorher festgelegte Zahl herankommen oder sie gar erreichen. Diese Zahl wird nach jeder Runde neu festgelegt. Sieger ist natürlich, wer die meisten Runden gewinnt.

7.5 Karten-Geschichten

Ziele:

▪ Addition ▪ Ergänzung ▪ Zahlen in Geschichten einbauen

Vorbereitungen:

Kartensatz (32 Blatt), Notizblock

Spielvorschläge:

Die Spieler kennen das Kartensortiment. Es spielen Paare oder kleinere Gruppen, eventuell auch die ganze Klasse. Jeder Spieler erhält drei Spielkarten. Einer beginnt, eine Geschichte zu erzählen, in der die Zahlen vorkommen, die ihm seine Karten vorgeben. Hat er auch ein „Bild“ (König = 4, Dame = 3), so baut er natürlich auch das in seine Geschichte ein. Die Zuhörer merken sich die Zahlen und addieren sie, die Summe schreiben sie auf. Zum Schluß legt der Erzähler seine Karten auf – und man kann vergleichen.

Variante:
- Die Karten werden am Ende nicht aufgelegt. Die Mitspieler notieren sich nämlich die Kartenbezeichnungen und nennen diese. Wer ist nach mehreren Runden fehlerfrei geblieben?

Jeder Spieler erhält vier Karten. Spieler A beginnt zu erzählen. Hat er eine Karte erwähnt, legt er sie ab. Er addiert den Wert der zweiten Karte (z. B.: Dame plus 9 gleich 12) und verwendet die so erhaltene Zahl in seiner Geschichte. Die zweite Karte wird abgelegt und die dritte zur Summe der ersten beiden addiert (z. B.: 12 plus 7 gleich 19) – diese Zahl kommt nun in der Geschichte vor, die Karte legt er ab. So geschieht es mit der vierten Karte, die letzte Zahl stellt also die Summe aller vier Kartenwerte dar. Die Zuhöhrer haben sich die Werte der einzelnen Karten durch Ergänzen errechnet (Dame plus ? gleich 12?) und können dem Erzähler am Ende alle seine vier Karten nennen. Wieder geht es darum, wer nach einigen Runden am meisten Karten richtig genannt hat.
Hinweise: Man verwendet am besten Kartensortimente mit 32 Blatt. Spielt eine größere Gruppe, so kann nur ein Teil der Spieler erzählen. (Wechseln!)

Beispiele für „Karten-Geschichten“:
(Spieler A hat folgende Karten in der Hand: Bube, Achter, As)
„Es war einmal ein kleiner Bub, der zum Geburtstag ein Fahrrad bekommen hatte. Auf der Straße durfte er noch nicht fahren, also mußte er im Hof fahren. Er fuhr immer im Kreis oder Achter. Das war bald langweilig, und er träumte davon, elf Jahre alt zu sein und die Radfahrprüfung gemacht zu haben. Dann dürfte er mit den anderen Kindern auf der Straße fahren!“

(Spieler B hat folgende Karten: Zehner, Siebener, Dame, Neuner)

„Vor zehn Jahren gab es bei uns im Dorf noch 17 Bauernhöfe. In unserem Haus haben 20 Menschen gewohnt! Doch viele Bauern haben ihren Hof verlassen und Baugründe verkauft. Jetzt stehen auf den Wiesen schon 29 Neubauten!“

7.6 2 mal 3 gleich 6!

Ziele:

- Optische Wahrnehmung - Kopfrechnen - Möglichkeiten für Operationen erkennen und anwenden

Hinweise: Dieses Spiel kann alleine gespielt werden; mehr Spaß macht es, spielt man zu zweit.

Vorbereitungen:

Man braucht drei Würfel und einen Notizblock

Spielvorschläge:

Spieler A würfelt mit allen drei Würfeln. Aus diesem Wurf soll er möglichst eine Rechnung ableiten (plus, minus, mal, geteilt, in – alles ist erlaubt). Kann er nur zwei Würfel in ein Rechensätzchen einbinden, erhält er einen Punkt, gelingt es ihm mit allen drei Würfeln, erhält er zwei Punkte. Nach zehn Runden werden die Punkte addiert. Wer 2 mal 3 = 6 würfelt, kriegt drei Punkte!
Beispiele:

2 ist die Hälfte von 4 = 1 Punkt 

5 ist gleich 5 = 1 Punkt 

3 plus 1 gleich 4 = 2 Punkte 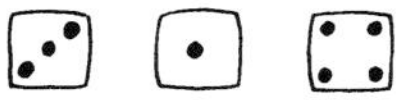

2 mal 3 gleich 6 = 3 Punkte 

Man zeichnet auf drei Würfelrohlinge (blanke Würfel) folgende Augenbilder (siehe Kopiervorlage!):

1. Würfel: 

2. Würfel: 

3. Würfel: 

Mit diesen Würfeln wird nach den Regeln wie oben gespielt!

Läßt ein Wurf keine Rechnung zu, darf der Spieler einen Würfel einmal so kippen, daß aus dem Wurf ein Rechensätzchen abgeleitet werden kann.
Beispiel: 2 mal 3 gleich 6!

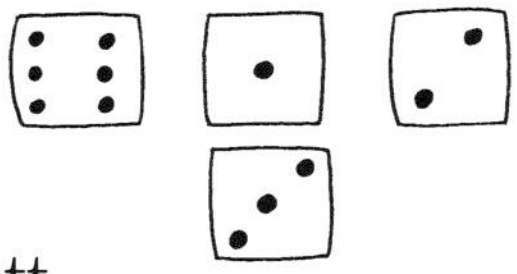

7.7 Wochentage-Septett

Ziele:

■ Die Wochentage kennen ■ Siebenermengen bilden ■ Siebenereinmaleins

Vorbereitungen:

56 Wochentage-Spielkarten (jeden Wochentag 8mal vorbereiten)

Spielvorschläge:

Die zwei Spieler erhalten vom gut durchgemischten Spielkartenstapel je 14 Karten. Wer an der Reihe ist, nimmt vom Stapel eine Karte und legt eine andere auf dem Tisch mit dem Rücken nach oben ab, zeigt diese Karte aber vorher seinem Mitspieler, der versuchen kann, sich diese zu merken. Nun hebt dieser vom Stapel ab und legt neben die vom anderen Spieler abgelegte Karte nun seinerseits eine, die er nicht braucht. Nun hebt wieder der erste Spieler vom Stapel ab, oder aber er zeigt auf eine bereits abgelegte Karte, nennt den Wochentagsnamen, den er in Erinnerung hat, und darf diese Karte behalten, wenn er richtig geraten hat. Ansonsten muß er diese Karte liegen lassen und nun doch eine vom Stapel aufnehmen. Wer in seinen Händen sieben verschiedene Wochentage hat und diese auch in der richtigen Reihenfolge am Tisch ablegen kann, darf nun sogleich sieben weitere Karten vom Stapel nehmen, muß aber mit dem weiteren Ablegen noch eine Runde warten. Ist der Stapel aufgebraucht, werden die am Tisch mit dem Rücken nach oben liegenden abgelegten Karten zu einem neuen Stapel zusammengemischt.
Sieger ist, wer, sobald zuwenig Karten am Tisch zur Verfügung stehen, die meisten Siebenermengen hat – vorausgesetzt, er kann die entsprechende Einmaleinsrechnung zu seinem Spielergebnis nennen (z. B.: Ich habe acht Siebenermengen; 8 mal 7 gleich 56). Letztgenannte Regel gilt allerdings erst ab der 2./3. Schulstufe.

Varianten:
- ■ Dieses Spiel kann auch mit Rommékarten gespielt werden, indem nur die 2er, 3er, 4er, 5er, 6er, 7er und die Asse (sie zählen als 1er) verwendet werden.
- ■ Zusatzaufgabe: Der Verlierer addiert die Werte jener Spielkarten, die er noch in der Hand hält und erhält diese als Minuspunkte.

7.8 Kalender-Rommé

Ziele:

■ Die Reihenfolge der Wochentage und Monate kennen ■ Zahlenreihen bis 31 erstellen können

Vorbereitungen:

Die 365 Tage eines Kalenders mit Datums-, Wochentags- und Monatsangabe auf 365 Spielkarten schreiben (arbeitsteilige Gruppenarbeit). Dazu kommen 10 Spielkarten mit der Aufschrift „Feiertag". Diese haben die Funktion des „Joker" und können beliebig angelegt werden.

SPIELVORSCHLÄGE:

Jeder Spieler bekommt 12 Spielkarten. Der Rest der Karten liegt mit dem Rücken nach oben auf dem Tisch. Der erste Spieler hebt eine Karte vom Stapel ab und behält sich diese, falls er sie brauchen kann. Eine andere Karte legt er mit dem Bild nach oben neben den Stapel. Es können drei oder mehr Karten auf dem Tisch abgelegt werden, soweit sie zusammenpassen. Es passen zusammen:

+ Karten mit gleichem Monatsnamen (Beispiel 1)
+ Karten mit dem gleichen Wochentagsnamen (Beispiel 2)
+ Karten, die die richtige Zahlenreihe aufweisen (Beispiel 3)
+ Karten, die die richtige Wochentags- oder Monatsreihe aufweisen.

Es darf auch bei anderen Spielern angelegt werden. Das Spiel ist zu Ende, wenn jemand alle seine Karten ablegen konnte und seine letzte Karte auf den Stapel legt. Es ist auch dann zu Ende, wenn jemand eine Glücksserie legen kann – das sind mindestens drei Karten, bei denen sowohl der Monatsname als auch die Zahlenreihe und die Reihe der Wochentage stimmt.

Hinweis: Alle Karten müssen immer so aufgelegt werden, daß das Kärtchen mit dem frühesten Datum ganz links und das Kärtchen mit dem spätesten Datum ganz rechts in der Reihe liegt.

7.9 Das Mathematikbuchspiel

ZIELE:

- Spielerischer Umgang mit dem Mathematikbuch
- Innere Differenzierung

VORBEREITUNGEN:

Jeder Spieler braucht sein Mathematikbuch, zwei Spielwürfel und Schreibzeug

SPIELVORSCHLÄGE:

Jeder Spieler würfelt mit seinen beiden Würfeln. Die Würfelaugen sagen ihm nun, welche Seitenzahl er in seinem Mathematikbuch aufschlagen soll. Dabei hat er die Wahl zwischen mehreren Möglichkeiten:

Beispiel: Würfel A: 4, Würfel B: 6.

Der Spieler kann nun sein Buch auf Seite 10 (6 + 4 = 10) oder auf Seite 64 bzw. 46 aufschlagen. Die vierte Möglichkeit ist die Seite 24 (4 x 6 = 24).

Nun sucht er sich eine Rechenaufgabe auf dieser Seite aus und löst sie.

Dieses Spiel beinhaltet innere Differenzierung. Schwächere Schüler werden ihre Würfelergebnisse eher addieren oder multiplizieren, um eine der niedrigeren Seitenzahlen zu erhalten.

8. Messen und wägen

8.1 Strecken addieren

Ziele:

▪ Strecken messen ▪ Bewegung beobachten ▪ Serien merken ▪ Addieren ▪ Ergebnisse und Strecken vergleichen

Vorbereitungen:

Die Spieler messen die Länge folgender Schrittarten aus:
Ein Riesensprung aus dem Stand (z. B.: 120 cm)
Ein Beidbeinsprung aus dem Stand (z. B.: 90 cm)
Ein Riesenschritt (z. B.: 70 cm)
Ein Mäuseschritt (z. B.: 2 cm)
usw.
Nachdem diese „Schrittlängen" ausgemessen und notiert wurden, werden diese Maße nun für alle zukünftigen Schritte als standardisiert angenommen.

Spielvorschläge:

Ein Spieler legt nun eine Schrittkombination von vier Schritten zurück. Der andere Spieler beobachtet ihn dabei und addiert die Länge der beobachteten Schritte. Beispiel: 2 Mäuseschritte, ein Riesenschritt und ein Beidbeinssprung ergeben 164 cm. Um wieviel unterscheiden sich die tatsächlich zurückgelegte Strecke und die errechnete Strecke voneinander?

8.2 Maßbandwanderung

Ziele:

▪ Strecken addieren ▪ Vielfache und Bruchteile von m und dm addieren und subtrahieren ▪ Verschiedene Maße (m, dm, cm, mm) aneinanderreihen

Vorbereitungen:

20 Kärtchen, Maßband (1 m), Maßband (5 m)

Spielvorschläge:

Einmetermaßband:
Ein Maßband von 1 m Länge wird auf dem Tisch aufgelegt. Jeder Spieler startet mit einer Spielfigur bei Null. Wer an der Reihe ist, hebt ein Kärtchen ab. Dieses sagt ihm, wie weit er vorrücken darf (1/4 aller Kärtchen sind „Zurück-Aufträge").

Beispiele für Kärtchen:

- 6 cm vor
- 1 dm 3 cm vor
- 30 mm zurück
- 1/4 m vor
- 2 1/2 dm vor

Wer zuerst die Metermarke überschreitet, ist Sieger.

Fünfmetermaßband:
Der Spielleiter läßt jeden Spieler, der an der Reihe ist, ein Kärtchen ziehen. Dieses sagt dem Spieler, wie weit er vorrücken darf oder zurück muß. (Die Zehenspitzen zeigen die momentane Position an.)

Beispiele für Kärtchen:

- 1/2 m vor
- 5/4 m vor
- nochmals soweit vor
- um die Hälfte zurück
- 50 cm vor
- 600 mm vor
- 20 dm zurück
- 1/5 dm vor

Wer zuerst die Fünfmetermarke überschreitet, ist Sieger.

8.3 Maßbandvergleich

ZIELE:

▩ Taktile Wahrnehmung ▩ Länger/Kürzer ▩ Längenunterschiede berechnen ▩ Ergänzen ▩ Durchschnitt

VORBEREITUNGEN:

2 arretierbare Maßbänder, Schreibzeug

SPIELVORSCHLÄGE:

Spieler B schließt die Augen. Spieler A würfelt mit zwei Würfeln und zieht sein Maßband auf die Länge aus, die ihm die beiden Würfel angeben, wobei immer die kleinere Zahl genommen werden muß.
Beispiel: Die Würfelbilder 5 und 2 ergeben die Länge von 25 cm. Spieler B ertastet nun diese Länge, legt das Maßband weg und versucht nun seinerseits, mit seinem Maßband die gleiche Länge herzustellen. Nun öffnet er die Augen. Der Längenunterschied wird dem Spieler als Minus angerechnet. Nun werden die Rollen getauscht. Welcher Spieler hat nach fünf Runden die wenigsten Minuspunkte? Errechnet die durchschnittliche Abweichung!

8.4 Auf der Wäscheleine

ZIELE:

▩ Strecken schätzen ▩ Gleich lange Strecken schätzen und abmessen ▩ Strecken teilen ▩ Längenangaben in die Wirklichkeit übertragen ▩ Längenmaße umrechnen

VORBEREITUNGEN:

Kärtchen vorbereiten, eine etwa 4 bis 6 m lange Leine spannen, Wäscheklammern, Kleidungsstücke

SPIELVORSCHLÄGE:

An eine in der Klasse gespannte Wäscheleine werden Wäscheklammen in gleichen Abständen geklammert. Spieler A klammert die ersten beiden Klammern und gibt somit Spieler B den Auftrag für alle weiteren Abstände. Wieweit sich B geirrt hat, wird zum Schluß nachgemessen.
Bei der zweiten Runde ist B der Auftraggeber. Wer von beiden kam zum besseren Ergebnis?
Kleidungsstücke werden am Boden ausgebreitet. Jeder Spieler schreibt eine Liste von Kleidungsstücken auf, die, ohne einander zu berühren, auf der Wäscheleine Platz haben. Die Länge der Wäscheleine soll dabei voll genützt werden. Zum Schluß wird die Wäsche entsprechend den Schülerlisten aufgehängt. Wer hat richtig geschätzt? Wer hat nicht zu viele und nicht zu wenige Wäschestücke notiert?

Variante:
▩ Ein Kleidungsstück wird auf die Leine gehängt. Wie oft hätte dieses Kleidungsstück auf der Leine Platz? Man mißt das Kleidungsstück ab und führt eine Division durch: Länge der Wäscheleine geteilt durch die Länge des Kleidungsstücks.

Auf Kärtchen werden Längenangaben geschrieben, die man mit Wäscheklammern auf die richtige Stelle der Leine klammert. Die Längenangaben werden vom linken Ende der Leine weg gerechnet. Wer konnte sein Kärtchen am exaktesten auf der Leine plazieren?
Beispiele für Kärtchen:
- 250 cm
- 3 1/2 m
- 1 m 80 cm
- 1500 m
- die halbe Leine
- 3/4 der Leine

8.5 Kleine Flächen

ZIELE:

▩ Meßhilfen verwenden ▩ Flächen teilen ▩ Große Flächen mit kleinen Flächenmaßen ausdrücken ▩ Kleine Flächen zu großen Flächen vereinigen ▩ Umfang und Fläche in Beziehung setzen

VORBEREITUNGEN:

Millimeterpapier, Schreibmaterial, lange Schnur

SPIELVORSCHLÄGE:

Welche Fläche bedeckt etwa eine gespreizte Kinderhand? Jedes Kind versucht, den Umriß seiner gespreizten Hand in einen dm^2 zu zeichnen.
Es werden die Hände als Meßhilfe genommen, um festzustellen, wie viele Kinderhände 1/4 m^2, 1/2 m^2, 1 m^2 abdecken.
Wie viele Kinderhände groß ist ein Schülertisch, die Klassentür, die Körperfläche eines am Rücken liegenden Kindes? Wie groß muß also ein Kinderbett sein, daß sich das Kind gemütlich im Bett umdrehen und ausstrecken kann? Wie viele m^2 und dm^2 groß sollte also ein Kinderbett sein?
Man probiert aus, wie groß (m^2 oder dm^2) ein Floß sein müßte, um alle Kinder der Klasse nach einem Schiffbruch aufzunehmen, ohne daß jemand herunterfällt. Wieviel Platz braucht man, wenn man ganz eng nebeneinander sitzt, steht, liegt? Der Umfang des Floßes wird mit einer Schnur abgemessen, und man bildet mit dieser Schnurlänge verschiedene Floßformen am Boden. Es wird kontrolliert, ob alle wiederum auf diesem Floß Platz finden. Der Platzbedarf pro Person wird ermittelt.
Personengruppen von verschiedener Anzahl sitzen auf Flößen. Man rechnet die Mindestgröße eines jeden Floßes aus.
Die Schüler punktieren um die Wette fünf Minuten lang die mm eines Millimeterpapiers. Wer kam am weitesten? Wer schaffte die meisten vollen cm^2?
Wie viele dm^2 können mit dieser Punktemenge von der Klasse gemeinsam abgedeckt werden?

8.6 Große Flächen

ZIELE:

■ Im Gelände Hektar und Ar schätzen können ■ Den Umfang von Ar und Hektar umschreiten können ■ Umfang und Flächeninhalt berechnen

VORBEREITUNGEN:

Rasenmäher, Schwungtuch, langes Maßband, Gymnastikstäbe, Uhr

SPIELVORSCHLÄGE:

Wir schauen auf die Uhr, um festzustellen, wie lange wir brauchen, um eine Rasenfläche von 10 x 10 Metern abzumähen. Wie lange würden wir für $1m^2$ brauchen? Wie lange brauchen wir für die 100fache Fläche?
Können wir 1 Ar abdecken, wenn sich alle Schüler unserer Klasse auf die abgemähte Wiesenfläche legen? Wie oft hat unser großes Schwungtuch auf 1 Ar Platz?

Wir stellen das Abmähen einer Wiese von 1 ha Fläche dar: Zuerst werden mit einem langen Maßband (z. B. 30 m) 100 m Länge auf dem Sportplatz abgemessen. Nun stellen wir uns im Abstand von 1 m in einer Stirnreihe auf. Jeder Schüler hat einen Gymnastikstab von 1 m Länge. Das ist der Griff seines Rasenmähers. Nun rattern alle 25 Rasenmäher gleichzeitig los. Um die ganze Breite einer Wiese von 100 m zu mähen, muß die ganze Gruppe viermal die Strecke von 100 m zurücklegen. Wir schauen auf die Uhr, wie lange wir für eine Strecke gebraucht haben. Wie lange hätte eine Person alleine gebraucht? Wir reichen uns die Hände und bilden eine Kette. Wir merken uns den Endpunkt dieser Kette, und beginnen dort eine neue Kette. Wie oft können wir eine solche Kette bilden, um 1 ha zu umfangen?

Hausübung:
Verabredet euch paarweise, um am Nachmittag im Gelände ein quadratisches Feld von 100 m Seitenlänge abzuschreiten und den Umfang dieses Feldes unauffällig (ohne Flurschaden und Umweltverschmutzung) zu markieren. Ladet (als Hausübung für den nächsten Tag) ein anderes Paar ein, um diesen Hektar vorzustellen. Wie lange habt ihr zum Umwandern gebraucht? Konnte man von einer Seite zur gegenüberliegenden sehen? Konnte man Zurufe von einer Seite zur anderen verstehen?
Hinweis: Ein großer Kinderschritt beträgt ca. 50 cm. Ihr braucht also für 100 m 200 Schritte.

8.7 Sie haben ein Haus gebaut!

ZIELE:

▪ Maßstab ▪ Pläne lesen ▪ Optische und taktile Wahrnehmung ▪ Unterscheidung zwischen Rechteck und Quadrat

VORBEREITUNGEN:

Fotos (Zeitschriften), Pläne von Häusern (selbst angefertigte Grundrißpläne), Lego

SPIELVORSCHLÄGE:

Hauspläne, Fotos von Häusern werden gemeinsam analysiert: Wie viele quadratische, rechteckige Räume hat dieses Haus? Welches Haus erscheint von außen am ehesten symmetrisch? Die Anzahl der Räume, die Grundfläche werden miteinander verglichen …
Paare: Auf dem Tisch liegen fünf verschiedene Grundrißpläne. A sitzt davor, B steht dahinter und beginnt, den Plan eines dieser Häuser folgend zu beschreiben: „Mein Haus hat vier rechteckige Räume. Nur ein Raum ist quadratisch. Es gibt nur rechte Winkel …" A ruft STOP, wenn er glaubt, den Plan entdeckt zu haben, der zu dieser Beschreibung paßt.

Varianten:
- A baut mit Lego-Bausteinen den Grundrißplan eines Hauses nach (zwei oder drei Scharen Ziegel hoch), während B die Augen bedeckt. Jetzt betrachtet B die „Baustelle" und sucht dazu den entsprechenden Plan – fünf stehen ihm zur Auswahl.
- Ein Spieler hat mit Lego einen Grundriß (wieder drei Ziegelscharen) nachgebaut. Der zweite Spieler tastet nun mit verbundenen Augen das „Modell" ab, die Augenbinde wird ihm abgenommen, und er sucht in der Auswahl den richtigen Bauplan.

Zwei Gruppen: Gruppe A stellt sich im Raum so nach einem Grundrißplan auf, daß zumindest zwei Räume dargestellt werden. Gruppe B schaut sich das an und sucht dann den dazugehörigen Plan – fünf stehen zur Auswahl. (Beispiel: Im Schlafzimmer liegt jemand, im Wohnzimmer wird ferngesehen, …)

Variante:
- Gruppe A stellt zwei Räume dar, Gruppe B entscheidet sich für den dazugehörigen Plan und „baut" an dem Haus weiter.

8.8 Balkenwaage-Wettkampf

ZIELE:

▪ Gewichte suchen: g, dag, kg ▪ Hantieren mit der Balkenwaage ▪ Gewichtsangaben lesen ▪ Gewichtsunterschiede ausrechnen

VORBEREITUNGEN:

Balkenwaage, Gewichtssatz, 20 Kärtchen

SPIELVORSCHLÄGE:

Ein Partnerspiel: Jeder der beiden Spieler, der an der Reihe ist, zieht ein Kärtchen und legt die auf diesem Kärtchen angegebene Gewichtsmenge auf seine Waagschale. Das Kärtchen wird dann wieder unter die anderen gemischt.

Beispiele für Kärtchen:
- 10 g
- 20 dag
- 1/4 kg

Der andere Spieler, der nun an der Reihe ist, hebt nun seinerseits ein Kärtchen ab und gibt nun ein Gewicht auf seine Waagschale. Die Waagschalen werden so lange wechselweise immer mehr mit Gewichten gefüllt, bis alle Gewichte weg sind bzw. bis die Waagschale auf einer Seite den Tiefstpunkt erreicht hat. In diesem Fall hat dieser Spieler gewonnen. Nun kann das Spiel im umgekehrten Sinn gespielt werden. Die Kärtchen sagen nun, welches Gewicht aus der Waagschale genomen werden darf. Sieger ist dann der Spieler, dessen Schale zuerst leer ist bzw. dessen Waagschale nach Aufbrauchen aller Gewichte die leichtere ist. Es kann der Gewichtsunterschied ausgerechnet werden.

8.9 Der Blinde und die Waage

ZIELE:

- Taktile Wahrnehmung
- Größer/Kleiner
- Schwerer/Leichter

VORBEREITUNGEN:

Legosteine, Balkenwaage, Gewichte

SPIELVORSCHLÄGE:

Von Spieler A werden zehn verschieden lange und verschieden breite Legotürmchen vorbereitet, wobei kein Legotürmchen höher als sechs Stockwerke sein sollte. Spieler B baut diese Türme exakt nach, sodaß nun zehn Turmpaare zur Verfügung stehen. Spieler A schließt nun die Augen, während Spieler B einen der Türme auf die Balkenwaage legt. Spieler A tastet nun blind nach der Waagschale, die sich gesenkt hat, ertastet den Turm darin, stellt nun fest, wie groß der Turm ist und sucht aus den übrigen Türmen den zweiten, dazupassenden Turm heraus, um ihn auf die andere Waagschale zu legen. Nun legt Spieler B auf eine beliebige Seite der Waagschale einen weiteren Turm dazu. Spieler A sucht wiederum die schwerere Waagschale und ergänzt abermals. Hat er drei Türme geschafft, bekommt er 20 Punkte, und der andere Spieler spielt nun den Blinden. Macht er einen Fehler, bekommt er so viele Minuspunkte, als Turmstockwerke auf der schwereren Seite liegen.

Variante:

- Mit Metallgewichten (g, dag, kg), wobei es von jedem Gewicht ein Paar geben muß.

8.10 Lange und kurze Minuten

ZIELE:

- Zeitabschnitte schätzen, messen, wahrnehmen

VORBEREITUNGEN:

Stoppuhr, Kassettenrecorder, verschiedene Musikkassetten, verschiedene Auftragsschilder, Auftragskärtchen

SPIELVORSCHLÄGE:

Der Spielleiter hält – jeweils exakt für eine Minute – Auftragsschilder in die Höhe. Nach jedem Auftragsschild folgt für eine Minute das Pausenschild. Die Schüler führen die Aufträge so lange aus, wie das Schild hochgehalten wird. In den Pausen herrscht Stillschweigen!
Beispiele für Auftragsschilder:

Summen! | Kniebeugen! | Singen! | Klatschen! | Pause!

Paare: Spieler A erteilt seinem Partner Aufträge, die dieser möglichst genau eine Minute lang ausführen soll. A stoppt mit der Stoppuhr. Er notiert sich die jeweiligen Abweichungen. Nach fünf Aufträgen wird gewechselt. Die Abweichungen werden verglichen und addiert. Wer konnte die Zeit besser einhalten?
Beispiele für Auftragskärtchen:

Musik! | Schreiben! | Vorlesen!
Knien! | Turnen! | Schweigen!

Zwei Gruppen: Die Spieler der Gruppe A machen der Reihe nach gymnastische Übungen, und zwar jeder möglichst genau eine Minute lang. Gruppe B hat die Stoppuhr. Zuletzt wird gestoppt. 10 Spieler sollten 10 Minuten brauchen. Gestoppt wurden 11 Minuten und 20 Sek. 1 Minute 20 Sekunden Abweichung! Wechsel!

8.11 Ziffernblatt

ZIELE:

▩ Verschiedene Uhrzeitangaben kennen und mit Zeigern am Ziffernblatt darstellen können ▩ Den Tag unterteilen ▩ Halbieren

VORBEREITUNG:

Sesselkreis

SPIELVORSCHLÄGE:

Stuhluhr:
In der Klasse werden im Abstand von 5 Metern 2 Stühle aufgestellt. Sie markieren die Ziffern 12 und 6 des Ziffernblattes. Ebenso werden zwei Stühle ausgestellt, die 3 und 9 Uhr markieren. Nun werden vom Spielleiter Uhrzeiten in verschiedenen Varianten und Sprechweisen gerufen. Mehrere Spieler können immer gleichzeitig die Aufgabe haben, sich am „Riesenziffernblatt" dem Auftrag entsprechend aufzustellen. Beispiele für Zeitangaben durch den Spielleiter:
- 7 Uhr 45: großer Zeiger
- 9 Uhr 30: kleiner Zeiger
- Punkt 12: großer Zeiger
- Viertel nach 1: kleiner Zeiger
- 21 Uhr 55: kleiner Zeiger

Variante:
▩ Die Spieler bilden Paare und stellen fest, wer der größere/kleinere ist. Der Größere spielt bei der nächsten Zeitangabe den großen Zeiger, der Kleinere den kleinen Zeiger.

Beispiel: Ruft der Spielleiter „Halb zwölf!", so steht der kleinere Spieler knapp neben dem Zwölfer-Sessel und der größere Spieler beim Sechser-Sessel. Mehrere Paare können gleichzeitig spielen.

Höhenuhr:
Im Sesselkreis stehen alle Spieler auf ihrem Stuhl und strecken ihre Hände in die Höhe. Diese Höhe bedeutet 24 Uhr. Ruft der Spielleiter 12 Uhr, befinden sich alle Spieler neben dem Stuhl stehend. Bei 0 Uhr liegen sie flach am Boden. Die anderen Zeiten werden durch Positionen dazwischen dargestellt. Es gilt, möglichst schnell zu reagieren.

8.12 Die Zeit vergeht

ZIELE:

▩ Die Uhr nach bestimmten Angaben verstellen können ▩ Zeitangaben in verschiedener Form lesen und auf die Uhr übertragen können ▩ Zeitpunkte mit Alltagssituationen in Verbindung bringen können

VORBEREITUNGEN:

Für jeden Spieler eine Spieluhr, Spielkärtchen vorbereiten

SPIELVORSCHLÄGE:

Jeder Spieler beginnt bei seiner Uhr mit der Zeigerstellung „Mitternacht". Er hebt nun ein Kärtchen ab und stellt nun seine Zeiger dem Auftrag auf dem Kärtchen entsprechend vor oder zurück.
Beispiele für Kärtchen:
- 3 Stunden vor
- 1/2 Stunde zurück
- 3/4 Stunde vor
- 1/2 Tag vor
- 30 Minuten vor
- Stell deine Zeiger auf dreiviertel acht ein!
- Stell deine Zeiger auf 20.30 Uhr ein!

Sieger ist, wer zuerst wieder bei Mitternacht angelangt ist.
Hinweise: Es sollen nur 1/4 der Gesamtkärtchenzahl „Zurückkärtchen" sein, um ein Vorwärtskommen zu erleichtern. Die Angaben auf den Kärtchen richten sich nach dem Leistungsstand der Schüler der Klasse.

Varianten:
▩ Die Klasse hat für mehrere Zeiträume des Tages eine Liste von Aktivitäten erstellt, die jeder Schüler, der mit seiner Uhrzeit im entsprechenden Zeitraum landet, pantomimisch darstellen muß.

Beispiele:

- Zwischen 6.00 und 7.30 Uhr putzt du dir die Zähne
- Zwischen 7.45 und 8.00 Uhr packst du deine Schultasche aus.
- Zwischen 9.00 und 10.00 Uhr ißt du deine Jause.
- Zwischen 12.00 und 15.00 Uhr bist du am Schulweg.

■ Ein Spieler zeigt mit seinen beiden Armen, die die Zeiger darstellen, eine Uhrzeit, die anderen Spieler stellen pantomimisch (entsprechend der in der vorhergehenden Variante angeführten Beispiele) Tätigkeiten, die für diese Tageszeit typisch sind, dar.

8.13 Wieviel Liter Wasser?

ZIELE:

■ Bruchteile und Vielfache von Hohlmaßen ■ Zeit- und Mengenrelationen ■ Grund-, Teil- und Restmenge ■ Längen und Flächen messen ■ Akustische Wahrnehmung

VORBEREITUNGEN:

Flaschen, Kochtöpfe, Meßbecher, Trinkhalme, 4 Eimer, 1 Schüssel, Millimeterpapier

SPIELVORSCHLÄGE:

Schätz- und Meßübungen:
Wie viele Tropfen Wasser sind in diesen Fläschchen? (Medizin-Fläschchen, Maggi-Flasche, Essig-Flasche, ...) Wie viele Tropfen passen in einen Fingerhut? Wie oft tropft der Wasserhahn innerhalb einer halben Minute? Wie viele cl Wasser gibt der tropfende Wasserhahn innerhalb von drei Minuten ab? In ein randvolles Gefäß werden mit Hilfe einer Pipette Wassertropfen gegeben. Beim wievielten Schüler läuft das Gefäß über? Ein Fingerhut voll Wasser/Saft/Speiseöl/Tinte ... wird auf Millimeterpapier gegossen. Welche Flüssigkeit bedeckt die größte Fläche? Versuche, aus einem Meßbecher exakt – möglichst mit einem Schluck – 1/16, 1/32, ... zu trinken! Sauge Wasser mit einem Trinkhalm aus einem Gefäß an, bis der Trinkhalm voll ist. So bringst du das Wasser von einem Gefäß in ein anderes. Wie oft mußt du diesen Vorgang wiederholen, um das Gefäß zur Gänze, zur Hälfte, zu einem Viertel, zu drei Viertel zu füllen? Wie lang ist die „Wasserspur“, die du mit einem vollen Trinkhalm auf der Tischplatte hinterlassen kannst? Wie weit kannst du mit dem Trinkhalm spritzen?

Staffelläufe:
Welche Gruppe kann am schnellsten Wasser von einem Gefäß zum anderen (ca. 5 m Abstand) transportieren (mit Trinkhalmen/Meßbechern)?
Wie groß ist der Wasserverlust?

Der blinde Wasserträger:
Er versucht blind, Gefäßpaare zu finden, die gleich schwer sind. Er versucht blind, Gefäße zu finden, deren Wasserspiegel gleich hoch ist. Er versucht blind, so lange mit einem Meßbecher Wasser von einem Eimer in einen Kochtopf zu schütten, bis er glaubt, daß die Schüssel ganz voll ist. Welcher Wasserträger gewinnt den Vergleich?
Wer kann zehn Kochtöpfe ihrem Rauminhalt entsprechend ordnen?

Variante:

■ Flaschen ordnen, das Ergebnis mit Meßbechern überprüfen.

8.14 Falsches Maß

ZIELE:

■ Richtige und falsche Maßbezeichnungen unterscheiden können ■ Maßbezeichnungen, Materialien und Meßgeräte einander zuordnen können

VORBEREITUNGEN:

Kärtchen vorbereiten; Materialien vorbereiten, die eindeutig Maßen zuzuordnen sind, wie Lineal (cm), 10-dag-Gewicht, Flasche (l), Apfel (dag), Uhr (min.), Quadrat (cm^2), Waage (kg), …

SPIELVORSCHLÄGE:

Falsches Material:
Auf dem Spieltisch liegen die oben angeführten Materialien (Gefäße, Meßgeräte, …). Die Kärtchen werden passend dazugelegt: Zu einem Gefäß gehört das Kärtchen mit „Liter", zu einem Lineal ein Kärtchen mit „Zentimeter" usw. Irgendwo haben sich jedoch Fehler eingeschlichen. Wer erkennt den Fehler zuerst?

Varianten:
- ■ Ein Spieler mischt alle Kärtchen und legt sie, ohne sie vorher anzusehen, zu den Materialien. Er bekommt so viele Punkte, so viele Kärtchen zufällig zu den Materialien passen. Welcher Spieler hat nach mehreren Runden die meisten Punkte?
- ■ Alle Kärtchen werden in der Kreismitte aufgelegt. Die Spieler prägen sich diese soweit wie möglich ein. Dann werden sie umgedreht. Nun nimmt ein Spieler nach dem anderen Material und hebt eines der umgedrehten Kärtchen auf, von dem er glaubt, daß es zum Material paßt. Stimmt es, darf er das Kärtchen behalten.

Falsche Karten:
Jeder Schüler verfaßt zehn Sätze, von denen die Hälfte stimmt und die andere Hälfte falsch ist. Diese Sätze werden auf Kärtchen geschrieben. Sie können für ein Kartenspiel verwendet werden.

Beispiele für Kärtchen:
- Der Stier ist 1000 cm schwer.
- Ich bin 121 cm groß.
- Mein Taschengeld beträgt 30 Minuten pro Woche.
- Ich habe zum Geburtstag 100 S bekommen.

Die Karten können nach „Falsch" und „Richtig" sortiert werden.

Varianten:
- ■ Die Spieler heben wechselweise vom Spielkartenstapel ab. Richtige Karten werden behalten, falsche unter den Stapel gelegt.
- ■ Jeder Spieler bekommt zehn Spielkarten. Er darf paarweise solche Kartenpaare ablegen, die richtige Aussagen und gleiche Maßangaben haben. Wer nicht ablegen kann, hebt vom Stapel ab.

8.15 Selbstgebaute Meßgeräte

ZIELE:

■ Längenmaße ■ Zeitmaße ■ Gewichtsmaße ■ Hohlmaße ■ Meßgeräte vergleichen

VORBEREITUNGEN:

Arbeit mit dem Lexikon: Die historische Entwicklung der Uhr, der Waage, …
Physikalische Begriffe vorbereiten, wie: Kraftarm, Lastarm, Skala, Drehpunkt, Hebel, …

SPIELVORSCHLÄGE:

Bei jenen Spielen, bei denen etwas gemessen werden soll, können verschiedene Meßgeräte verglichen und zum Einsatz gebracht werden. Nicht jedes Gerät ist für die gleiche Meßaufgabe geeignet. Das Bauen eigener Geräte erfordert viel Kreativität. Ein besonderes Problem bedeutet die Anbringung von Ablesemarken, Skalen und Zeigern. Hier werden vorhandene Geräte zum „Eichen" verwendet.

8.16 Füllen und ausleeren

ZIELE:

▩ Inhalt von Gefäßen ▩ Mengen und Teilmengen ▩ Feinmotorik

VORBEREITUNGEN:

Zwetschken, Nüsse, Linsen, Schüssel, Körbchen, Löffel, Zuckerstreuer

SPIELVORSCHLÄGE:

Jeder Schüler im Sesselkreis hat mehrere Zwetschken. Wie oft kann eine Schüssel im Kreis wandern, bis sie mit Zwetschken gefüllt ist?
Wie viele Zwetschken haben in der Schüssel Platz?

Ein Schüler nach dem anderen nimmt aus einem Körbchen je eine Nuß. Sieger ist, wer die letzte Nuß nimmt.

Varianten:
- Wie oft kann in das Körbchen gegriffen werden, wenn immer Dreiermengen entnommen werden? Sieger ist, wer die letzte Dreiermenge herausnimmt.
- Wie viele Linsen passen auf einen Teelöffel? Wie oft muß mit dem Löffel geschöpft werden, um verschieden große Gefäße zu füllen oder zu leeren? Versucht, mit dem Löffel immer 2 (3, 4, 5, 6, ...) Linsen aus dem Gefäß zu schöpfen! Wie oft mußt du jeweils schöpfen?
- In einen Zuckerstreuer kommt ein Eßlöffel Staubzucker. Wie oft muß gestreut werden, um ihn zu entleeren?

8.17 Der Korb ist voll

ZIELE:

▩ Rechnen mit Maßangaben ▩ Geometrische Formen und Körper erkennen ▩ Addieren ▩ Schätzen

VORBEREITUNGEN:

Verpackungsmaterialien – möglichst unversehrt – werden gesammelt.

SPIELVORSCHLÄGE:

Verschiedene Verpackungen werden analysiert. Was steht auf allen Verpackungen (Gewicht, Ablaufdatum, Produktnummer)? Ein Einkaufskorb voll Verpackungen steht in der Mitte des Sitzkreises. Jetzt wird geschätzt: Gesamtgewicht, Gesamtvolumen, Gesamtpreis, ...
Jeweils zwei Schüler schätzen gemeinsam und notieren ihre Ergebnisse. Ein Schüler nimmt dann die einzelnen Verpackungen aus dem Korb, liest die Maßangaben vor, und wenn alles addiert ist, kann mit den Schätzungen verglichen werden.
Die einzelnen Verpackungen werden auf ihre „geometrische Exaktheit" hin untersucht: Da findet man Rechtecke, Quadrate, Kreise, Quader, Würfel, Zylinder, ...

Es werden fünf Verpackungen ausgewählt, betrachtet und betastet, ihre geometrische Form wird genannt ... Jetzt schließen alle die Augen. Der Spielleiter gibt die Verpackungen, eine nach der anderen, im Kreis herum. Zum Schluß notiert sich jeder Schüler die geometrischen Körper in der richtigen Reihenfolge. Ein Schüler liest seine Notizen vor. Stimmen sie mit denen der anderen überein?

Variante:
- Die fünf Verpackungen werden – diesmal bleiben die Augen offen! – wieder im Sesselkreis herumgereicht. Jeder Mitspieler merkt sich die Gewichtsangaben und die Produktbezeichnungen. Der Spielleiter nimmt danch eine dieser fünf Verpackungen und hält sie hoch. Die Schüler notieren das Gewicht. Stimmt zum Schluß das Gesamtgewicht?

Zwei Gruppen: Jede Gruppe hat gleich viele Verpackungen vor sich liegen. Welches Produkt ist am längsten haltbar? Was ist das Gesamtgewicht? Preisvergleiche können angestellt werden (soweit möglich).

9. Einmaleins

9.1 Pingpong

ZIELE:

▩ Festigung der Einmaleinsreihen ▩ Förderung des Rechentempos

SPIELVORSCHLÄGE:

Partner stellen sich gegenüber auf. Pantomimisch wird nun Tischtennis gespielt, wobei man sich gegenseitig bei jedem Schlag eine Zahl aus einer Einmaleinsreihe zuruft. Die Reihe wird von dem bestimmt, der beginnt. Bei einem Fehler wird gewechselt.

Varianten:
- ▩ Es werden nur gerade oder nur ungerade Zahlen zugerufen.
- ▩ Spieler A ruft Spieler B ein Rechensätzchen zu, B muß das Ergebnis rufen. Nach fünf „Angaben“ wird gewechselt!
- ▩ Spaß macht es auch, sich einfach irgendwelche Zahlen zuzurufen, wobei der „Gegner“ jeweils immer eine noch größere Zahl rufen muß.

9.2 Nix

ZIELE:

▩ Festigung der Einmaleinsreihen ▩ Konzentration

VORBEREITUNGEN:

Sesselkreis

SPIELVORSCHLÄGE:

Die Gruppe nimmt sich eine Einmaleinsreihe vor. Reihum wird nun, bei eins beginnend, gezählt. Statt der Zahlen aus der jeweiligen Reihe jedoch sagt man „NIX“. Das Tempo soll dabei von Mal zu Mal gesteigert werden! Wer bleibt am längsten fehlerfrei?
Beispiel: Sechserreihe: 1, 2, 3, 4, 5, NIX, 7, 8, 9, 10, 11, NIX, ...

Varianten:
- ▩ Anstatt „NIX“ zu sagen, muß man aufstehen oder eine vereinbarte Geste machen.
- ▩ Ist das Spiel der Gruppe schon geläufig, läßt man nicht nur Zahlen der Reihen, sondern auch Zahlen aus, an deren Einerstelle die Zahl steht.
  Beispiel: 4, 8, 12, 14, 16, 20, ...

9.3 Aufwecken mit Einmaleins

ZIELE:

▩ Festigung der Einmaleinsreihen ▩ Ergebnisse und Operationen zuordnen

VORBEREITUNGEN:

Kärtchen mit Malsätzchen

SPIELVORSCHLÄGE:

Im Sesselkreis verteilt der Spielleiter durch Zuflüstern an jeden Spieler eine Einmaleinsrechnung einer vorher festgelegten Einmaleinsreihe. Jeder Spieler, der eine Rechnung erhalten hat, stellt sich schlafend. Der „Aufwecker“ geht nun umher und flüstert den „Schlafenden“ Ergebniszahlen aus dieser Einmaleinsreihe ins Ohr. Jeder Spieler wird nur dann munter, wenn ihm das für ihn richtige Ergebnis ins Ohr geflüstert wird.

Variante:
- ▩ Der Spielleiter verteilt Kärtchen an die Spieler, auf denen die Rechnungen stehen. Die Spieler rechnen und schließen dann die Augen. Ein Aufwecker beginnt, indem er Ergebnisse zuflüstert. Jeder bereits aufgeweckte Spieler beteiligt sich am Aufwecken.

9.4 Einmaleinsquartett

ZIELE:

▩ Anwendung des Vertauschungsgesetzes ▩ Multiplikation als Probe zur Division verstehen ▩ Den Zusammenhang zwischen Multiplikation, Division und Enthaltensein verstehen

VORBEREITUNGEN:

Zu jeder Einmaleinsrechnung werden vier Kärtchen hergestellt:
Beispiele:
1. Kärtchen: 5 x 4 = 20
2. Kärtchen: die Umkehraufgabe, z. B.: 4 x 5 = 20
3. Kärtchen: die Division, z. B.: 20 : 4 = 5
4. Kärtchen: Inrechnung, z. B.: 4 in 20 = 5

SPIELVORSCHLÄGE:

Die Kärtchen werden gemischt und an die Spieler verteilt. Welche vier Spieler finden sich zuerst zu einem Quartett?
Varianten:
- Als Tischspiel zu spielen, mit den üblichen Quartettspielregeln.
- Gruppenbildungen nach anderen Kriterien.
  Beispiel: Alle Spieler mit Inrechnungen/Malrechnungen/Divisionen bilden Gruppen.

Im Spiel sind drei „schwarze Peter" (falsche Ergebnisse auf den Kärtchen) eingebaut. Wenn die Gruppen ihre Kärtchen laut vorlesen, sollen die Zuhörer ein falsches Ergebnis innerhalb von fünf Sekunden bemerken.

9.5 Einmaleinsteller

ZIELE:

▩ Umkehraufgaben finden ▩ Multiplikation, Division und Inrechnung einander zuordnen ▩ Geometrische Formen rasch erfassen und benennen ▩ Optische Hilfen für die Anwendung der Einmaleinsreihen

VORBEREITUNGEN:

Auf Packpapier werden zehn handtellergroße Kreise gezeichnet. In jeden Teller werden die drei Zahlen einer Einmaleinsrechnung geschrieben. Das Multiplikationssymbol und das Gleichzeichen fehlen!

SPIELVORSCHLÄGE:

Der Spielleiter deckt mit geometrischen Mengenlehresymbolen in jedem Teller eine Zahl ab. Dieser Spielplan liegt in der Mitte des Sesselkreises. Der Spielleiter nennt nun eine der geometrischen Formen (z. B. „Das große rote Dreieck"). Die Kinder flüstern ihren Sitznachbarn die verdeckte Zahl ins Ohr. Zur Kontrolle können einzelne Schüler das ensprechende Plättchen heben.

Varianten:
- Nur das Ergebnis (die größte Zahl) bleibt offen, die beiden anderen werden verdeckt. Die Spieler müssen das entsprechende Malsätzchen nennen.
- Der Spielleiter nennt ein Symbol, und dazu sollen die Kinder die Division (Inrechnung, Umkehraufgabe) finden.
- Die Einmaleinstellerplakate werden in der Klasse an die Wand geklebt und sind den Schülern beim schriftlichen Rechnen eine Hilfe.

9.6 Zahlenkugeln

ZIELE:

▩ Festigung der Einmaleinsreihen ▩ Optische Wahrnehmung

VORBEREITUNGEN:

Auf große Kugeln (Porozell, Holz, eventuell auch Tennisbälle) werden Zahlen aus je einer Einmaleinsreihe geschrieben.

Spielvorschläge:

Der Spielleiter rollt nun die Kugel in geeignetem Tempo über den Boden. Zwei Mitspieler versuchen die Zahlen zu lesen und die Reihe zu erkennen. Wer sie zuerst erkennt, stoppt die Kugel und nennt die Reihe. Ist es die richtige Reihe, erhält er einen Punkt, irrte er, beginnt man von vorne. Wer zweimal (dreimal) die falsche Reihe nennt, verliert einen Punkt!

Varianten:
- Es wird paarweise gespielt. Ein Spieler rollt die Kugel langsam über eine vorgegebene Strecke, der Partner soll die Reihe innerhalb der beiden Markierungen erkennen. Nach einigen Durchgängen wird gewechselt.
- Man hängt die Kugeln an eine Schnur und läßt sie vor den Augen der Mitspieler (eines Mitspielers) pendeln. Nach wie vielen „Pendelschlägen" erkennen sie (erkennt er) die Reihe?
- Die Einmaleinszahlen müssen von tanzenden Luftballons abgelesen werden.

9.7 Eimaleinsreihen-Blitzübung

Ziel:

- Förderung der Sicherheit bei den Einmaleinsreihen

Vorbereitungen:

Auf Papierstreifen werden Einmaleinsreihen geschrieben; 1 Kartonfenster

Spielvorschläge:

Die Streifen werden durch ein „Fenster" gezogen, durch das man jeweils nur eine Zahl sehen kann. Wer die Reihe erkennt, ruft STOP. Erkannte er die richtige Reihe, erhält er eine Punkt.
Varianten:
- Dieses Spiel eignet sich auch für die Partnerarbeit – wobei gezählt werden kann, bei welcher Zahl die Reihe schon erkannt wird.
- Auf Karten stehen vorne Zahlen, hinten die Reihe, der sie zugeordnet wurden. In Partnerarbeit legt ein Schüler eine Karte auf, der andere nennt die entsprechende Reihe. Dabei kann man auch die Zeit messen.

9.8 Alles reimt sich!

Ziele:

- Einmaleins
- Malsätzchen und Produkte zuordnen
- Reime als mnemotechnische Hilfe verwenden

Vorbereitungen:

Kärtchen ausschneiden (siehe Kopiervorlagen!), Kärtchen mit Malsätzchen

Spielvorschläge:

Jeder Spieler im Sesselkreis zieht ein Reimkärtchen und liest es. Der Reihe nach ruft nun jeder Spieler das Reimwort, das auf seinem Kärtchen steht. Sein Nachbar soll ihm dazu ein entsprechendes Malsätzchen sagen.
Beispiele: A: „Ranzig!" B: „4 mal 5 gleich 20!"

Variante:
- Reim-Terzette: A ruft das Reimwort, B die sich reimende Zahl und C das entsprechende Malsätzchen. Beispiel: A „Fleißig!" B: „Dreißig!" C: „6 mal 5!"

Die Reime sind allen Mitspielern bekannt. Paare werden gebildet. Spieler A nennt ein Malsätzchen, das auf den Reimkärtchen steht, welches er vom Stapel nimmt. Spieler B muß rasch den passenden Reim sagen.

Ein Spielleiter hat alle Kärtchen. Er liest jeweils nur den Reim laut vor und gibt den Mitspielern Zeit, um ein dazupassendes Malsätzchen aufzuschreiben. Die Notizen werden verglichen. (Neue Varianten kommen zum Vorschein!)

Partnersuche: Gruppe A erhält Reimkärtchen, Gruppe B die entsprechenden Kärtchen mit Malsätzchen. Alle rufen dann gleichzeitig ihre Reime und ihre Malsätzchen. Wer findet seinen Partner zuerst?

9.9 Phantastische Geschichten

ZIELE:

■ Festigung der Einmaleinsreihen ■ Geschichten als mnemotechnische Hilfen ■ Akustische Wahrnehmung

VORBEREITUNGEN:

Einmaleins-Geschichten (siehe Kopiervorlagen!)

SPIELVORSCHLÄGE:

Ein Schüler nimmt sich eine Einmaleinsreihe vor und beginnt spontan zu erzählen (phantasieren): „Gestern ging ich nur für 4 Minuten vor die Tür. Da haben mich auch schon 8 Gelsen gestochen! Ich habe 12mal mit der Hand auf sie gehauen. Davon sind mir 16 blaue Flecken geblieben. 20 Schwalben haben mir dann geholfen. Jede hat gleich 24 Mücken gefressen! Die Schwalben haben sich dann satt auf einen 28 cm hohen Baum gesetzt. Der war 32 m von unserem Haus entfernt. Und ich machte noch eine Runde ums Haus – das sind 36 Schritte. Drinnen stellte ich fest, daß ich 40 Minuten lang draußen war!“

Ein Spieler beginnt eine Geschichte vorzulesen. Sein Nachbar muß auf ein Zeichen die erste Zahl einer Einmaleinsreihe nennen. Im zweiten Satz setzt der nächste Mitspieler die zweite Zahl der Reihe ein,... Beispiel: A: „Gestern ging ich nur für ... (B: „Drei!“) Minuten vor die Tür. Da haben mich auch schon ... (C: „Sechs!“) Gelsen gestochen! .. “

Zu zweit: A liest seinem Partner eine Geschichte vor, setzt auch die Zahlen einer Einmaleinsreihe ein, baut aber mindestens einen Fehler ein! Findet (hört) B den Fehler?

Variante:

■ A verwendet die Zahlen einer Einmaleinsreihe in der Geschichte – jedoch durcheinander. Nach welchem Satz schon hat Spieler B herausgefunden, um welche Reihe es sich handelt?

9.10 Reise auf dem Hunderterbrett

ZIELE:

■ Einmaleins ■ Zahlenraum bis 100 ■ Kombinierte Aufgaben ■ Grundrechnungsarten

VORBEREITUNGEN:

Hunderterbrett, 100 Spielfiguren oder 100 Bohnen

SPIELVORSCHLÄGE:

Dieses Spiel wird zu zweit gespielt: ein Spieler, ein Beobachter.
Auf jedem Feld des beschrifteten Hunderterbretts steht eine Spielfigur. Eine Figur aus der ersten Reihe (Platz von 1 bis 10) verläßt nun ihren Platz und stellt sich zu einer anderen Figur aus der ersten Reihe. Diese beiden wandern nun zu ihrer gemeinsamen Verwandten (dem Ergebnis, das sich aus der Multiplikation der beiden ergibt).
Der Beobachter hat nicht hingesehen. Aufgrund der beiden leeren Felder und des Feldes, auf dem nun drei Figuren stehen, kann er die Rechnung nachvollziehen. Nun wandern die drei Figuren zu einem anderen Feld. Sie addieren nun dieses Feld zum vorhergehenden und kommen zu einem neuen Ergebnisfeld. Nun kann eine Subtraktion eingebaut werden. Wer kann am Ende noch einmal alle Rechenschritte nachvollziehen?

Variante:
- Es kann auch auf dem unbeschrifteten Hunderterbrett gespielt werden. Zur Kontrolle und als Hilfe kann das beschriftete Hunderterbrett abseits bereitliegen.

9.11 Im Zahlenhimmel

ZIELE:

- Festigung der Einmaleinsreihen
- Zahlenfolgen

VORBEREITUNGEN:

Zahlenkärtchen werden an Fäden befestigt: „Einmaleinsmobiles" (für je eine Einmaleinsreihe), Mobile mit Rechensätzchen (+, –, x)

SPIELVORSCHLÄGE:

Ein Spieler nimmt ein Mobile und trägt es im Sesselkreis umher. Jeder Mitspieler versucht, ein Einmaleinssätzchen zu lesen, er sagt es auch laut.

Varianten:
- Das Mobile wird nur für fünf Sekunden gezeigt. Wer kann die Reihe erkennen?
- Das Mobile mit den Rechensätzchen wird zehn Sekunden lang im Sesselkreis gezeigt. Jeder Mitspieler notiert sich die Ergebnisse, die er errechnen kann.

Die Einmaleins-Mobiles hängen in der Klasse verteilt von der Decke. Je acht Schüler ziehen ein Zahlenkärtchen (2 bis 9). Auf Kommando suchen sie schnell das passende Mobile und stellen sich darunter.

In der Klasse hängt ein „Zahlenhimmel" mit etwa 30 Zahlen von 1 bis 100. Die Schüler erforschen den Zahlenhimmel. Sie erhalten dann den Auftrag, sich nach einer Regel von „Zahlenstern" zu „Zahlenstern" zu bewegen. Zum Schluß beschreibt jeder seine Wanderung und erklärt die Regel, die den „Plan" für diese Wanderung darstellte.

Varianten:
- Die Schüler stellen sich unter ihren „Lieblingsstern" (die Lieblingszahl unter den vorhandenen Zahlen). Wo stehen am meisten Schüler? Wer will eine Begründung für seine Wahl nennen?
- Der Spielleiter ruft – den im Zahlenhimmel hängenden Zahlen entsprechend – Malsätzchen, und die Schüler sollen schnell zum entsprechenden „Stern" eilen.

Hinweise: Die Mobiles sollten immer in der Klasse hängen. Der Zahlenhimmel sollte immer wieder verändert und ergänzt werden!

10. Geometrische Spiele

10.1 Geo-Nagelbrett

ZIELE:

▩ Taktile Wahrnehmung ▩ Geometrische Formen erkennen

VORBEREITUNGEN:

Ein Nagelbrett mit 10 mal 10 Nägeln, die in Reihen und Spalten angeordnet sind; Gummiringe, Karten

SPIELVORSCHLÄGE:

In Einzelarbeit werden die Gummiringe laut Auftrag gespannt.

Varianten:
- ▩ Der Partner nennt eine geometrische Figur, der Mitspieler spannt sie blind.
- ▩ Vom Partner gespannte Figuren sollen durch Abtasten blind erkannt werden. Dabei können auch kleine Fehler eingebaut werden, die der Mitspieler korrigieren soll!
- ▩ Die Schüler erfinden „Umbauaufgaben" mit Vorgabe der Anzahl der „Umbauschritte".

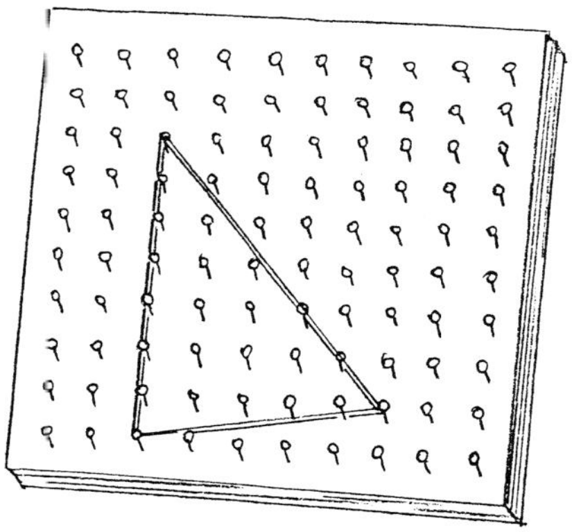

- ▩ Vorgegebene Nagelmengen einfangen; Grund- und Teilmengen mit Gummiringen darstellen.

10.2 Geo-Gruppen

ZIELE:

▩ Vorstellungsvermögen ▩ Optische Wahrnehmung

VORBEREITUNGEN:

Kreide, Kärtchen mit Bezeichnung für geometrische Figuren, Musik, Seil

SPIELVORSCHLÄGE:

Alle bewegen sich zur Musik. Setzt die Musik aus, ruft der Spielleiter z. B. „Quadrat!" (Rechteck, Dreieck, Kreis), und die Gruppe formiert sich möglichst schnell zu einem Quadrat.

Varianten:
- ▩ Zwei oder mehr Gruppen werden gebildet. Welche Gruppe kann sich am schnellsten (und ganz leise!) formieren?

Jede Gruppe erhält ein Seil und muß es entsprechend der ausgerufenen Figur spannen. (Mit Musik!)

Auf dem Boden sind die geometrischen Figuren groß aufgezeichnet, und die Schüler stellen sich laut Kommando auf die Begrenzungslinien.

Die Schüler erhalten Karten mit der Bezeichnung der geometrischen Figuren. Auf ein Signal hin machen sie mit den Armen zur Figur passende Bewegungen. So können sie sich möglichst schnell in Gruppen formieren und (z. B. im Kreis) aufstellen.

Varianten:
- ▩ Die Schüler rufen dem gezogenen Kärtchen entsprechend Gegenstände (z. B.: Kreis = 1 Teller, Schilling, ...) und finden sich in Gruppen. Jetzt nennen sie die Gegenstände, und die anderen sollen dazu die geometrische Figur sagen.

10.3 Geräuschplan

Ziele:

▩ Akustische Wahrnehmung ▩ Entfernungen auf einen Plan übertragen ▩ Punkte zu Geraden und zu geometrischen Formen verbinden

Vorbereitungen:

Ein Bogen Packpapier liegt auf dem Boden. Dieser stellt den Grundriß des Klassenzimmers dar.

Spielvorschläge:

Spieler A kniet vor dem Packpapierbogen und markiert mit einem Stift seine Position im Raum. Nun schließt er die Augen. Sein Partner B ruft aus einer Ecke des Raumes eine Zahl. Spieler A zeichnet die gerufene Zahl auf dem Papier so ein, daß Richtung und Entfernung der Wirklichkeit (der Position des Partners) entsprechen. Spieler B wechselt die Position und ruft abermals eine Zahl. Nach mehreren Durchgängen darf Spieler A die Augen öffnen. Er verbindet nun die Zahlen in der Reihenfolge, möglicherweise ergibt sich eine geometrische Form.

Varianten:

- Mehrere Spieler stellen sich nach einer vorher vereinbarten geometrischen Form im Raum auf und versuchen, durch Zurufe den „blinden" Spieler beim Zeichnen zu führen.
- Die Mitspieler stehen verteilt an den Wänden des Raumes. Ein Spielleiter zeigt auf jene Mitspieler, die nacheinander dem Blinden je eine Zahl zurufen müssen.
- Der „Blinde" gibt jetzt den Auftrag an die Mitspieler, z. B.: „Ruft mir ein Quadrat (Dreieck, ...) zu!", worauf sich die Mitspieler an einer beliebigen Stelle im Raum aufstellen und dem blinden Zeichner eine Zahl zurufen. Dieser zeichnet das Quadrat entsprechend den Zurufen an der richtigen Stelle im Plan ein.

10.4 Geometrisches Klecksen

Ziele:

▩ Geometrische Formen erkennen und benennen ▩ Symmetrie ▩ Schnittpunkte ▩ Ziffernformen wahrnehmen ▩ Optische Form-Grunddifferenzierung

Vorbereitungen:

Malutensilien, Papier und Trinkhalme

Spielvorschläge:

Die Schüler patzen Farb- und Tintenkleckse auf Papier und verblasen diese mit den Trinkhalmen, sodaß ein Gewirr von Linien entsteht. Geometrische Flächen werden mit verschiedenen Farben ausgemalt.

Varianten:

- Nach Aufträgen wird versucht, Formen zu blasen.
- Es wird versucht, möglichst viele Schnittpunkte zu erzeugen.
- Partner versuchen möglichst symmetrisch zu blasen.

In einem Gewirr von geblasenen Linien wird nach zufällig entstandenen Ziffernformen gesucht, die mit Farbstiften nachgezogen werden sollen.
Zerblasene Kleckse (Quallenform!) werden auf die Anzahl ihrer Arme hin untersucht.
Mit einem Pinsel wird eine Unmenge von Farbspritzern auf einem Zeichenblatt erzeugt. Durch das Verbinden von diesen Punkten können nun verschiedenste geometrische Formen gezeichnet werden.

10.5 Geometriesalat

ZIELE:

▪ Geometrische Formen erkennen ▪ Optische Form-Grunddifferenzierung ▪ Visuelles Gedächtnis

VORBEREITUNGEN:

Es werden Rahmen in verschiedenen geometrischen Formen (Dreieck, Kreis, Quadrat, ...) und in verschiedenen Größen aus Karton hergestellt.

SPIELVORSCHLÄGE:

Spieler A wirft 10 verschiedene Rahmen hintereinander auf den Tisch, sodaß diese überschneidend zu liegen kommen. Spieler B nennt jeweils schnell die Form des eben dazugeworfenen Kartons. Zum Schluß stellen beide Spieler durch Betrachten dieses Geometriesalates fest, wie viele Kreise (Rechtecke, Dreiecke, ...) sich auf dem Tisch befinden.

Varianten:
- Die Spieler prägen sich den Geometriesalat ein und zeichnen ihn auswendig möglichst genau nach.
- Ein Spieler zeichnet einen Geometriesalat, der andere legt diesen mit den geometrischen Rahmen.

Zubereiten eines Geometriesalates nach einem „Rezept": Beispiel: „Mische zu einem großen und einem kleinen Dreieck ein Quadrat und ein Rechteck, und streue zum Schluß drei Kreise darüber!"

Statt des Geometriesalates kann auch ein Ziffernsalat „zubereitet" werden.

10.6 Symmetrie

ZIEL:

▪ Symmetrische Formen erkennen, legen, stellen und zeichnen können

VORBEREITUNGEN:

Schnüre, Bausteine, Mikadostäbe, Mengenlehreplättchen, 1 großes Tuch, 1 Schachbrett, Memorykärtchen, je 10 rote und blaue Spielkärtchen

SPIELVORSCHLÄGE:

Symmetrielegen:
Ein langes Seil wird am Boden aufgelegt. Zwei Gegenstände werden symmetrisch links und rechts vom Seil plaziert. Zwei andere gleiche Gegenstände werden unsymmetrisch aufgelegt. Worauf kommt es an? Beachte den rechten Winkel der Abstände zur Symmetrieachse!
Nun werden zwei Stirnreihen links und rechts parallel zum Seil im Abstand von zwei Metern gebildet. Jeder Schüler hat seine Mengenlehreplättchen bei sich. Legt sein Gegenüber ein Plättchen, legt er das entsprechende Plättchen symmetrisch dazu – auf seiner Seite des Seils. So entsteht ein großes symmetrisches Gebilde. Nun schauen die Spieler der einen Symmetriehälfte weg, die anderen bauen in das Bild drei Fehler ein.

Varianten:
- Symmetrisches Legen, partnerweise auf dem Tisch auf kariertem Papier...
- Symmetrisches Zeichnen, partnerweise auf kariertem Papier.
- Partnerweise symmetrisches Legen von Mikadostäben, Streichhölzern, ...
- Partnerweise ein symmetrisches Wappen zeichnen, wobei die Symmetrieachse durch die Wappenspitze geht.
- Partnerweise wird eine Schere aus Karton gebastelt. Der Drehpunkt wird bei beiden Scherenteilen markiert. Spieler A legt seinen Scherenteil beliebig auf – der Drehpunkt muß allerdings auf der Symmetrie-

achse (ein Bleistiftstrich) liegen. Der andere Spieler legt seinen Scherenteil so dazu, daß sein Drehpunkt genau auf dem anderen liegt, und öffnet die Schere so, daß sie symmetrisch ist.

Symmetrische Körper:
Ein Spielleiter legt zwei Spieler symmetrisch neben dem Boden liegenden Seil (Symmetrieachse) auf. Verändert er die Körperhaltung des Spielers auf der linken Seite des Seils, z. B. einen Arm oder die Beine, so tut dies ein zweiter Baumeister ebenfalls mit dem Spieler auf der rechten Seite.

Varianten:
- Mehrere Spieler liegen auf jeder Seite des Seils.
- Die Spieler stellen sich links und rechts vom Seil auf und verändern in Zeitlupe unter Bewahrung der Symmetrie ihre Körperhaltung, ändern ihre Entfernung zum Seil oder bewegen sich auch am Seil entlang. Dieser „Symmetrietanz" kann durch Musik untersützt werden. Tanzen dabei mehrere Spieler gleichzeitig, entsteht ein „Symmetrieballett".
- An der Symmetrieachse wird ein großes Tuch oder eine Decke so hochgehalten, daß die beiden Spieler einander nicht sehen können. Nun versuchen die beiden Spieler durch Zurufe, sich gegenseitig über ihre Körperhaltung und Position zu informieren, sodaß sie einander symmetrisch gegenüberstehen. Rufen sie „Fertig!", wird das Tuch fallengelassen und die Symmetrie überprüft.

Das symmetrische Xylophon:
Zwei Xylophone werden parallel zur Symmetrieachse aufgestellt, und zwei Spieler musizieren symmetrisch.

Varianten:
- Wenn eine Schultasche auf den Tisch als „Sichtschutz" und Symmetrieachse zwischen die beiden Xylophone gestellt wird, wird nur nach dem Gehör „symmetrisch musiziert".
- Die beiden Xylophone können auch so zur Symmetrieachse aufgestellt werden, daß die beiden tiefsten Töne der Symmetrieachse am nächsten sind und die hohen Töne von der Symmetrieachse weit weg sind.

Das symmetrische Seil:
Mit einem Klebeband wird am Boden die Symmetrieachse dargestellt. Ein langes Seil wird so quer über die Symmetrieachse gelegt, daß links und rechts gleichviel Seil liegt. Die Seilmitte wird mit Klebeband gekennzeichnet. Links und rechts von der Symmetrieachse nehmen gleich viele Spieler Platz. Nun verändert abwechselnd die linke und die rechte Spielergruppe auf ihrer Seite das Seil. Die Symmetrie muß jedoch erhalten bleiben. Es kann die Form eines Schmetterlings, eines Baumes, ... entstehen.

Das Symmetriebrettspiel:
Auf einem Schachbrett werden die Schachfiguren in ihrer Ausgangsstellung aufgestellt. Mit einem Mikadostab wird in der Mitte zwischen den schwarzen und weißen Figuren die Symmetrieachse gelegt. Durch abwechselndes Würfeln nähern oder entfernen sich die Spieler von der Symmetrieachse. Kein Spieler darf die Symmetrieachse überschreiten. Mit allen Figuren darf nur gerade gezogen werden. Es darf über andere Figuren gesprungen werden. Jede Figur muß mindestens einmal gezogen werden. Wie viele Züge (jeder mindestens 16) brauchen die Spieler, daß sich zum Schluß alle Figuren symmetrisch gegenüberstehen?

Variante:
- Es darf schräg und gerade gezogen werden.

Das Symmetriesuchspiel:
Spieler A bekommt 10 rote, Spieler B 10 blaue Kärtchen. Mit Klebeband sollen sie ihre Kärtchen auf symmetrische Gegenstände im Raum kleben. Wer ist zuerst fertig?

Varianten:
- Wer kann Memorykärtchen möglichst schnell nach den Kriterien symmetrisch/unsymmetrisch sortieren?
- Wer findet in einem Lesestück möglichst viele Gegenstände, die symmetrisch sind?
- Wer kann möglichst viele Wörter aufschreiben, die orthographisch symmetrisch geschrieben werden?
  Beispiele: Otto, Pop, ...
  Erfindet dazu auch Nonsenswörter, wie: Kuluk, Mamam, ...
  Welcher Buchstabe stellt dabei die Symmetrieachse dar, bei welchen Wörtern befindet sich die Symmetrieachse zwischen zwei Buchstaben?

Symmetrisch ist, symmetrisch ist ...:
Der Spielleiter und die Spieler klopfen im Sprechrhythmus (entsprechend dem bekannten Kinderspiel „Es fliegt, es fliegt, ...") mit der flachen Hand auf den Tisch. Nennt der Spielleiter einen unsymmetrischen Gegenstand, darf nur eine Hand hochgehoben werden, nennt er einen symmetrischen Gegenstand, werden beide Hände hochgehoben. Wer irrt, setzt eine Runde aus. Beispiele: „Symmetrisch ist, symmetrisch ist – die Wolke!" (Nur eine Hand hochheben)
„Symmetrisch ist, symmetrisch ist – der Teller!" (Beide Hände hochheben)

10.7 Geometrieketten

Ziele:

▪ Den Umfang und die Fläche von Quadraten und Rechtecken in dm/dm^2 mit den Ketten darstellen und berechnen ▪ Den Umfang von Dreiecken berechnen ▪ Symmetrische Figuren legen ▪ Durch Figuren eine Symmetrieachse legen

Vorbereitungen:

Jeder Spieler fädelt 24 Stück 10 cm lange Trinkhalme auf eine Schnur (Zwirnsfaden) und knüpft die beiden Enden aneinander.

Spielvorschläge:

Nun können geometrische Formen gelegt werden.
Beispiel: Ein Quadrat mit 6 dm Seitenlänge, ein Rechteck mit 8 dm Länge und 4 dm Breite, ein gleichseitiges Dreieck mit 8 dm Seitenlänge. Wie viele dm^2 beträgt der Flächeninhalt? Es können auch die Flächen von unregelmäßigen Figuren berechnet werden.

Varianten:
- Zwei Spieler können mit ihren beiden Ketten symmetrische Figuren legen.
- Mit einem langen Stab kann durch die gelegte Figur eine Symmetrieachse gelegt werden.

10.8 Geometrische Baustelle

Ziele:

▪ Geometrische Körper sortieren, unterscheiden, benennen, zeichnen können ▪ Grundflächen und Körper einander zuordnen können

Vorbereitungen:

Holzbaukästen mit Würfeln, Quadern, Pyramiden, Prismen, Kegeln, Kugeln, ...; Kärtchen mit den Namen dieser Körper; Kärtchen, auf denen die Grundflächen dieser Körper aufgezeichnet sind

Spielvorschläge:

Jeder Spieler zieht je ein Kärtchen und baut ein Gebilde, bestehend aus 10 bis 20 Bausteinen. In seinem Gebilde sollen die Körper laut Auftragskärtchen (z. B. Würfel) dominieren. Der Betrachter des Gebildes soll erraten können, was auf dem Auftragskärtchen steht. Der Betrachter kann nun versuchen, das Gebilde abzuzeichnen.

Varianten:
- Der Betrachter zeichnet nur die vermutlichen Grundflächen (Bodenflächen).
- Die Spieler bauen aus Knetmasse Gebilde, die aus Körpern laut Auftragskärtchen bestehen.
- Der Betrachter zeichnet alle verwendeten Körper nebeneinander in einer Reihe der Größe nach auf.
- Die Bausteine aller vorhandenen Baustellen werden untereinander ausgetauscht, sodaß an jeder neuen Baustelle nur eine Körperform verwendet wird.
- Alle vorhandenen Würfel werden der Größe nach geordnet, ebenfalls alle Prismen, Pyramiden, ...
  Schwieriger ist es, das Volumen eines Würfels mit dem einer Pyramide zu vergleichen. Versucht trotzdem, eine lange, gemischte Bausteineschlange, beginnend mit dem schwersten (= größten) Baustein, zu formen.
- Es werden beim Bauen Körper verwendet, die auf das gezogene Grundflächenkärtchen passen. (Z. B.: Auf ein Dreieck passen Prismen und dreiseitige Pyramiden.)

10.9 Ecken und Kanten sammeln

ZIELE:

■ Ecken und Kanten unterscheiden können ■ Flächen als Bauelemente für Körper verwenden

VORBEREITUNGEN:

Etwa 20 quadratische Kartons oder Bierdeckel, etwa 20 unterschiedliche geometrische Körper, zwei Spielwürfel, zwei Leerwürfel zum Präparieren

SPIELVORSCHLÄGE:

Geometrische Körper gewinnen:
Es wird mit zwei Würfeln gewürfelt. Findet der Spieler einen geometrischen Körper, dessen Anzahl an Ecken oder Kanten seiner Würfelsumme entspricht, darf er diese Summe als Pluspunkte verbuchen, indem er diesen geometrischen Körper an sich nimmt. Allerdings muß er dies auch begründen.
Beispiel: „Ich nehme dieses dreiseitige Prisma, weil es sechs Ecken hat – ich habe zwei Dreier gewürfelt."
Zum Schluß darf jeder Spieler die Summe aller seiner gewonnenen Kanten und Ecken zusammenzählen.

Kanten und Ecken bauen:
Jeder Spieler, der mit dem Würfeln an der Reihe ist, würfelt mit einem Würfel, der nur die Nummern 1, 2, 3 hat, und mit einem Würfel, der je 3x die Aufschriften „Kante" und „Ecke" trägt. Der Nummernwürfel sagt dem Spieler, wie viele quadratische Kartons (z. B. Bierdeckel) er abheben und sammeln darf, der andere Würfel sagt ihm, was er mit Hilfe der gesammelten Kartons nun bauen darf (soweit er genügend Baumaterial hat). Zum Bauen einer Kante braucht der Spieler immer zwei Kartons, zum Errichten einer Ecke drei Kartons. Wer konnte am Ende des Spiels die meisten Kartons verbauen?

Kanten und Ecken tasten:
Jeder Spieler nimmt blind einen geometrischen Körper und nennt die Anzahl der Ecken und Kanten, die er beim Ertasten erkennen konnte. Stimmt die genannte Anzahl, darf er diese als Pluspunkt verbuchen.

10.10 Winkelspiele

ZIEL:

■ Spitze, stumpfe und rechte Winkel unterscheiden, darstellen und zeichnen können

VORBEREITUNGEN:

Musik, 3 Kärtchen vorbereiten, 3 kleine Plakate, 1 großes Plakat, verschiedenfarbige Wollknäuel, 1 Ball, Kegel, Schreibzeug

SPIELVORSCHLÄGE:

Winkel gehen:
Zur Musik geht die ganze Gruppe durch den Raum, nach bestimmten Mustern, die der Spielleiter vorgibt.
Beispiele:
- Rechter Winkel – immer 5 Schritte
- Stumpfer Winkel – immer 6 Schritte
- Spitzer Winkel – immer 4 Schritte

Er kann die Aufträge auch optisch geben, zum Beispiel: Die Gruppe geht so lange kreuz und quer durch den Raum nach dem angegebenen Bewegungsmuster, bis ein neuer Auftrag kommt.

Variante:
■ Drei Spieler verlassen den Raum. Im Raum entstehen drei gleich starke Gruppen: eine „Spitzwinkelgruppe", eine „Stumpfwinkelgruppe" und eine „Rechterwinkelgruppe". Jeder der drei Einzelspieler bekommt nun den Auftrag, wenn er hereinkommt, alle Spieler einer dieser Gruppen (die sich inzwischen ihrem Auftrag entsprechend bewegen) zu finden. Wer richtig identifiziert wurde, bleibt stehen.

Winkel am Körper:
Drei Spieler ziehen ein Kärtchen mit einem stumpfen, spitzen oder rechten Winkel und verlassen den Raum. Die übrigen Spieler teilen sich in drei Gruppen. Von den Mitgliedern der einen Gruppe stellt jeder einen stumpfen Winkel mit seinem Körper dar, die zweite Gruppe übernimmt den spitzen Winkel und die dritte Gruppe den rechten Winkel …

Beispiele für Winkeldarstellungen:
– durch Beinegrätschen
– durch Ellbogenbeugen
– durch Rumpfbeugen
– durch Arm-vom-Rumpf-Wegstrecken
Nun kommen die drei Ratenden in den Raum. Wer von den dreien zuerst alle Mitglieder seiner Gruppe finden konnte, ist Sieger.

Winkelwettlauf:
Drei Spieler starten von einem gemeinsamen Startpunkt. Auf der anderen Seite des Raumes ist ein Zielpunkt markiert. Dazwischen sind neun Kegel als Hindernisse – im Raum verteilt – aufgestellt. Jeder der drei Spieler darf das Ziel jedoch nicht geradewegs ansteuern, sondern muß in Zickzacklinien gehen, und zwar jeder nach einem anderen Zickzackmuster. Dieses wird ihm vorgegeben, indem er ein Kärtchen zieht, auf dem entweder „rechter Winkel", „stumpfer Winkel" oder „spitzer Winkel" steht. Erschwerend ist, daß er immer mindestens drei, aber höchstens sechs Schritte machen soll, bevor er wieder die Richtung ändert. Wer hat zuerst das Ziel erreicht, ohne einen Kegel umzustoßen, ohne gegen die vorgegebene Schrittanzahl zu verstoßen und ohne seinen „Winkelauftrag" zu vernachlässigen? Zur Kontrolle kann jedem Spieler ein Schiedsrichter zugeteilt werden.

Variante:
- Dieses Spiel kann auch mit Papier und Bleistift gespielt werden, wobei jeder Spieler ein eigenes Blatt Papier hat. Statt der Kegel können Hindernisse aufgezeichnet werden.

Billiard mit dem Ball:
Die Spieler sitzen im Kreis am Boden. Sie rollen sich einen Ball zu. Nach jedem zweiten Spieler wird gestoppt, und mit Hilfe eines vorbereiteten Plakates, das für alle gut sichtbar aufgehängt ist, wird ungefähr der Winkel des „Ballweges" festgestellt.

Winkel im Wollfadennetz:
Im Sesselkreis bekommt die Gruppe den Auftrag, ein Wollfadennetz zu spannen, das von einem Spieler zum anderen laufen soll. Es sollen dabei immer wieder neue Winkelaufträge erfüllt werden, indem jeder fünfte Spieler eine neue Winkelzahl (von 10 Grad bis 170 Grad) nennt. Bei Bedarf zeichnet der Spielleiter als Hilfe dieses neue Winkelmaß auf. Ändert sich der Winkel, wird auch die Farbe der Wolle geändert. Ein Spieler, der am Beginn des Spiels den Raum verlassen hat, kann versuchen, den verschiedenen Farben im Wollfadennetz den richtigen Winkelwert zuzuordnen.

10.11 Parallel

ZIELE:

- Parallele Geraden von zusammenlaufenden Geraden unterscheiden können
- Parallele legen, zeichnen und mit Schnüren spannen
- Schnittpunkte

VORBEREITUNGEN:

Mengenlehreplättchen, Schnüre, Lineale, Mikadostäbchen, Maßband, 2 Stäbe

SPIELVORSCHLÄGE:

Ein Spieler legt im Abstand von 20 cm seine Mengenlehreplättchen in einer Reihe auf. Im Abstand von einem halben Meter versucht ein anderer Spieler seine Plättchen parallel dazu aufzulegen. Die Schwachstellen dieser „Straße" werden mit dem Maßband überprüft. Welches Paar hat die exakteste Straße gebaut?

Zwei Spieler machen abwechselnd mit dem Lineal blind auf einem gemeinsamen Stück Papier Linien. Nach je zehn Runden werden die Augen geöffnet, und es wird festgestellt, welche beiden Linien am ehesten parallel sind. Durch Zeichnen einer Senkrechten an die Endpunkte der Linien und durch Nachmessen werden Abweichungen festgestellt.

Ein Spieler zeichnet auf Papier eine gewundene Linie. Der andere Spieler versucht gleichzeitig, im Abstand von etwa zwei Zentimetern diese Linie parallel zu verfolgen. So entsteht eine Straße. Hoffentlich hat sie nicht zu viele „Engstellen" oder „Bushaltestellen".

Wer kann durch geschicktes Fallenlassen des Mikadostäbchenbündels möglichst viele parallel zum „Mikado" liegende Stäbchen erreichen? Wer kann mit einem Mikadostäbchen möglichst schnell zwei andere gekreuzt am Tisch liegende Mikadostäbchen in parallele Position bringen, ohne daß die Stäbchen sich zum Schluß berühren?

Zwei Spieler, die im Abstand von etwa vier Metern voneinander entfernt stehen, spannen zwischen sich eine Schnur. Parallel dazu soll im Abstand von einem Meter von zwei anderen Spielern ebenfalls eine Schnur gespannt werden. Ein „Dirigent", der am Ende der Straße steht, gibt Hinweise zum Abstandvergrößern und -verringern. Nun sollen einige Spieler blind durch diese Straße gehen. Sie sollen dabei mit ihren Fingern rechts und links das „Seilgeländer" berühren. Die Straße kann von den Seilhaltern auch verändert werden. Die Blinden sollen beim Durchgehen feststellen, ob die Straßenränder parallel oder nicht parallel verlaufen.

Zwei Spieler gehen parallel ganz langsam, im Abstand von einem halben Meter, nebeneinander in Schlangenlinien durch den Raum.

Variante:
- Mit Hindernissen wird ein „Parallelslalom" aufgebaut.

Auf der Spielwiese werden zwei Stäbe im Abstand von einem Meter nur fast parallel aufgelegt. Jeder Schüler legt sein Namenskärtchen auf jene Stelle in der Wiese, wo er glaubt, daß die beiden Linien (wären sie unendlich lang) einander schneiden würden – was mittels einer langen Schnur überprüft wird.

10.12 Schachteln

ZIELE:

- Vergleichen von quaderförmigen Körpern
- Größer/Kleiner
- Vergleichen von Mantelflächen

VORBEREITUNGEN:

Ein Korb mit leeren Lebensmittelschachteln steht in der Mitte des Sesselkreises.

SPIELVORSCHLÄGE:

Wir versuchen zu raten:
Wie hoch mag ein Turm sein, den wir mit diesen Schachteln bauen wollen? Wie lang wird die Schachtelschlange sein, die wir bauen? Wie groß mag die Fläche sein, die wir mit den Schachteln am Boden auslegen können? Wie groß mag die Fläche sein, wenn wir alle Schachteln möglichst platzsparend nebeneinander aufstellen? Versuchen wir, alle Schachteln paarweise so aufeinanderzustapeln, daß alle Paare etwa eine einheitliche Höhe ergeben.

Welche Schachtel ist die mit der schmalsten, welche die mit der breitesten Seite?
Welche Schachtel ist die größte? Welche ist die kleinste? (Im Zweifelsfall könnten wir messen und das Volumen ausrechnen. Wir könnten aber auch zwei Schachteln mit Kieselsteinen füllen und dann abwiegen, falls wir keine genaue Waage besitzen.)

Variante:
- Ein Mitspieler nimmt eine Schachtel und stellt sie auf den Boden. Der zweite muß nun eine Schachtel wählen, die in der Höhe, der Breite oder in der Länge dazupaßt, und diese zur ersten Schachtel stellen. Dabei begründet er die Wahl in einem Satz. Der nächste Spieler entdeckt vielleicht eine Schachtel, die gleich hoch ist, ...
  Wie lang wird die Schachtelreihe? Können wir nach den vereinbarten Kriterien alle Schachteln aneinanderreihen?

Zwei Gruppen: Jede Gruppe hat die gleiche Anzahl von Schachteln, die auch der Größe nach ungefähr gleich verteilt sind. Beide Gruppen versuchen nun, mit ihren Schachteln die Fläche eines möglichst exakten Rechteckes (Quadrat) auszulegen. Es darf keine Lücke bleiben!

Varianten:
- Legen einer „Mauer", die eine quadratische oder rechteckige Fläche umgibt.
- Jede Gruppe versucht, mit mehreren Schachteln einen großen Würfel zu legen.

Zerlegen dreier Schachteln in ihre Mantelnetze. Nun werden die Mäntel in ihre Teile zerschnitten, gemischt und mit der unbedruckten Seite nach oben aufgelegt. Gelingt es, die „Puzzleteile" wieder richtig zu den drei Schachteln aneinanderzufügen?

10.13 Türme und Schlangen

Ziele:

- Höher/Niedriger - Gleich hoch - Addieren von einstelligen Zahlen - Die Kanten geometrischer Körper erkennen - Die Bezeichnungen für geometrische Körper kennen - cm-Längen bis 30 schätzen und messen - Parallele Linien zeichnen

Vorbereitungen:

Legosteine, geometrische Körper, Spielwürfel, Stäbchen in der Länge 1 bis 6 cm, Packpapier, Maßband

Spielvorschläge:

Jeder Spieler würfelt zehnmal, wobei abwechselnd gewürfelt wird. Entsprechend der Augenzahl nimmt er Legosteine mit 1 bis 6 Nippeln und baut damit einen Turm. Wer konnte den höchsten Turm bauen? Zum Schluß kann die Gesamtnippelanzahl eines jeden Spielers errechnet werden, ohne daß der Turm zerlegt wird. Nach jedem Mal Würfeln wird der erwürfelte Legostein in den Turm eingebaut. Der Turm darf im nachhinein nicht mehr verändert werden.

Varianten:
- Geometrische Körper werden zum Turmbauen verwendet.
  Die Würfelzahl sagt uns die Anzahl der Kanten, die der nächste Baustein haben muß. Die sechs Seiten des Würfels zeigen die Zahlen 0, 1, 2, 6, 9, 12. Ist kein entsprechender Baustein mehr vorhanden, hat dieser Spieler Pech gehabt – der nächste Spieler kommt nun dran.
- Eine Menge verschieden langer Stäbe (1 bis 6 cm) werden beim Würfeln zu einer Schlange aneinandergereiht, wobei eine Start- und Ziellinie im Abstand von 20 bis 30 cm aufgezeichnet werden. Der Abstand darf nicht gemessen werden. Start- und Ziellinie müssen parallel verlaufen. Überschreitet eine Schlange die Ziellinie, ist dieser Spieler der Sieger. Er bekommt einen Punkt. Ebenfalls einen Punkt bekommt jener Spieler, der am genauesten die Länge seiner Schlange am Ende des Spieles angeben kann. Es gibt auch einen Punkt für das beste Schätzergebnis, was den Abstand von Start- und Ziellinie betrifft. Die Kontrolle findet nun mit Hilfe eines Maßbandes statt.
- Auf den sechs Seiten eines Würfels stehen die sechs Begriffe: Quader, Würfel, Prisma, Zylinder, Pyramide und Kugel.
  Mit den erwürfelten geometrischen Körpern muß ein Turm gebaut werden. Pech hat der Spieler, der „Kugel" würfelt. Wer eine „Pyramide" erwürfelt, darf diese zum Schluß als Dach auf den Turm Dach setzen.

Kopiervorlage zu „Telefonnummern-Paare“ (2.6)

397-536	39-75-36
429-817	42-98-17
383-842	38-38-42
656-496	65-64-96
4-6-3-5	46-35
2-7-1-5	27-15
271-34	27-13-4
64-129	64-12-9

Kopiervorlage zu „Durch das Zahlenlabyrinth“ (2.11)

START ↓

1	4	9	3	6	5	4	7	3	6
2	8	5	1	3	9	7	3	4	6
7	6	4	3	9	1	6	8	2	5
4	5	4	0	1	6	8	5	2	6
3	6	8	4	6	3	3	4	1	9
6	3	7	3	9	8	2	8	0	5
2	9	3	1	4	4	6	9	5	0
8	7	9	6	5	3	5	0	6	2
7	2	1	2	2	7	1	4	1	5
5	4	0	5	0	4	2	1	3	9

↑ ZIEL

Kopiervorlage zu „Wer bin ich?“ (2.15)

- Ich bin ein gar sonderbares Pferd, ich bin gehörnt!
- Ich bin arm, denn ich habe keine Geschwister!
- Die sind sicher verheiratet!
- Mein Fahrrad ist komplett!
- Die haben nur ein Kind!
- Weniger Ecken kann eine Fläche gar nicht haben!
- Mein Pferd hat neue Hufeisen!
- Bei ihrem Auto fehlt der Reserve-reifen!
- Die Zahl findest du beim Blatt des Ahornbaumes!
- Wir haben den Reservereifen mit!

- Diese Zahl möchte jeder würfeln!
- Insekten haben so viele Beine.
- Am Montag fangen wir sie wieder an.
- Die Geiß hatte so viele Geißlein.
- Heute singt das berühmte Doppelquartett!
- Ich möchte so viele Arme haben wie eine Krake!
- Wir fallen alle zugleich um, wenn du gut kegeln kannst!
- Ich bin die dritte in der Dreierreihe.
- Ich spiele zwei-händig Klavier.
- Ich bin die kleinste Zahl, die zwei Ziffern hat.

Kopiervorlage zu „Die Rechnung bitte!“ (5.1)

SEEWIRT

SPEISEN UND GETRÄNKE

VORSPEISEN UND SUPPEN

Lachs-Brötchen	22,–
Käse nach Wahl	28,–
Obst nach Wahl	25,–
Fischsuppe	38,–
Knoblauchsuppe	38,–
Fischsuppentopf	45,–

HAUPTSPEISEN

Forelle blau mit Kartoffeln	95,–
Forelle gebacken mit Kartoffelsalat	98,–
Zanderfilets mit Gemüse	115,–
Scholle gebacken	87,–
Fischteller (verschiedene Fische)	89,–

SALATE

Salate vom Buffet	39,–
Grüner Salat mit Lachsstreifen	46,–
„Fischer-Salat“	52,–

NACHSPEISEN

Mohr im Hemd	38,–
Eisknödel	32,–
Bratapfel mit Vanillesauce	43,–

GETRÄNKE

Limonade (Cola, Fanta, Almdudler)	24,–
Mineralwasser	18,–
Fruchtsaft (frisch gepreßt)	28,–
Bier	30,–
Rotwein, 1/8 l	22,–
Weißwein, 1/8 l	24,–

JÄGERHOF

UNSER ANGEBOT

VORSPEISEN

Eingelegte Pilze auf Weißbrot	36,–
Jägerkäse mit Kräutern	45,–
Palatschinken mit Waldbeeren	48,–

SUPPEN

Wildsuppe mit Einlage	34,–
Jägerhof-Suppentopf	45,–
Eintropfsuppe	32,–

HAUPTSPEISEN

Hirschbraten „Jägerhof“	112,–
Rehschnitzel mit grünen Nudeln	98,–
Wildschweinkotelett mit Maronikartoffeln	98,–
Geschnetzeltes vom Reh mit Reis	98,–
Spieß vom Wild, sehr pikant, Knödel	96,–

SALATE

Gemischter Salat	33,–
Bohnensalat	29,–
Salatteller „vom Chef“	45,–

NACHSPEISEN

Germknödel	36,–
Vanilleeis mit Waldfrüchten	34,–
Torte von der Wirtin, mit Schlagobers	30,–

GETRÄNKE

Tee von Waldkräutern	28,–
Beerensaft	25,–
Limonaden	22,–
Bier (0,5 l)	30,–
Tischwein (1/8 l)	22,–
Jagatee (Rum, Schnaps)	35,–

Kopiervorlage zu „Die Rechnung bitte!“ (5.1)

GASTHAUS ZUR LINDE

VORSPEISEN	
Gemüse mit Weinbackteig	76,–
Emmentaler gebacken	58,–
Räucherlachs mit Kren	49,–
SUPPEN	
Ungarische Gulaschsuppe	42,–
Rindsuppe mit Leberknödel	30,–
Französische Zwiebelsuppe	32,–
HAUPTSPEISEN	
Lindenwirt-Pfandl mit Spätzle	128,–
Holzhackersteak mit Semmelknödel	98,–
Lindenwirt-Schweinebraten	97,–
Käsespätzle mit Speck	72,–
Tirolerknödel mit Sauerkraut	78,–
SALATE	
Salatschüssel vom Lindenwirt	58,–
Griechischer Salat	64,–
Gemischter Salat	42,–
NACHSPEISEN	
Palatschinken	48,–
Vanilleeis mit Schokoladesauce	39,–
Lindenwirts Früchteteller	45,–
GETRÄNKE	
Pfefferminztee	21,–
Limonaden	22,–
Frischer Orangensaft	24,–
1 Fl. Bier	28,–
Tischwein (weiß, rot, 1/8 l)	23,–
1 Portion Kaffee	32,–

HENDLWIRT

VORSPEISEN UND SUPPEN	
Broccoli-Toast	68,–
Hühnerflügel mit Sauce	71,–
Geflügelsalat	58,–
Hühnersuppentopf	45,–
Zwiebelsuppe	42,–
Frittatensuppe	38,–
HAUPTSPEISEN	
Hühnerbrust mit Champignons	89,–
Grillhendl (Viertel) mit Beilage	69,–
Halbes Backhendl mit Reis	110,–
Hühnerbrustfilet mit Pommes frites	68,–
Putenschnitzel mit Kartoffelsalat	95,–
SALATE	
Salate vom Buffet	41,–
Salatplatte klein	59,–
Salatplatte groß	79,–
NACHSPEISEN	
Sachertorte	35,–
Früchtebecher	29,–
Bananensplit	46,–
GETRÄNKE	
Cola	25,–
Almdudler	25,–
Spezi	25,–
Bier vom Faß (0,3 l)	24,–
Bier vom Faß (0,5 l)	29,–
Wein (1/8 l)	19,–

Kopiervorlage zu „Preislistenspiel“ (5.5)

PREISLISTE 1

1	Limonade (Dose)	6,–
2	Isostar (Dose)	8,–
3	1 Liter Milch	7,–
4	Radiergummi	5,–
5	Spitzer	10,–
6	Lineal	12,–
7	Heft (dick)	9,–
8	Bleistift	4,–
9	Manner (1 Pkg.)	4,–
10	Schokolade (100 g)	8,–
11	Mars (3 Riegel)	14,–
12	Soletti	12,–

PREISLISTE 2

1	Chips (1 Pkg.)	15,–
2	Eistee (2 Liter)	16,–
3	Mini-Baumstämme (1 Pkg.)	25,–
4	Ringmappe	30,–
5	Farbstifte (12 Stk.)	36,–
6	Pinsel (3er-Pack)	40,–
7	Zeichenblock	33,–
8	Geo-Dreieck	50,–
9	Baseball-Kappe	23,–
10	Videokassette	29,–
11	Einwegkamera	49,–
12	T-Shirt (weiß)	42,–

PREISLISTE 3

1	Kakao (500 g)	39,–
2	Eis (4er-Packung)	41,–
3	Reis (1 kg)	29,–
4	Bauernspeck (1 kg)	150,–
5	Sportschuh	35,–
6	Videokassette	89,–
7	Kopfhörer	49,–
8	Mikrofon	190,–
9	Sonnenbrille	220,–
10	Fotoalbum	115,–
11	Malset	45,–
12	Kiste Bier	100,–

PREISLISTE 4

1	Frischhuhn (1 kg)	49,–
2	Schulmaus (2 Sorten)	22,–
3	Knoblauch (1 kg)	15,–
4	Kinderbuch	159,–
5	Kinder-Lexikon	225,–
6	Swatch (Lederband)	600,–
7	Federball-Schläger	298,–
8	Eisschuhe (Hockey)	699,–
9	Fernglas	750,–
10	Kompaktkamera	190,–
11	Radio (tragbar)	175,–
12	Wollpullover	420,–

Kopiervorlage zu „Kinderalltag" (5.6)

Du bist auf dem Schulweg.	Du befindest dich im Lebensmittelgeschäft.	Du steigst drei Stockwerke eines Wohnhauses hinauf.	GEWICHT LÄNGENMASS
Du borgst einem Freund einen Teil deines Taschengeldes.	Du läufst mit jemandem um die Wette.	Du öffnest deine Schultasche …	ZEIT FLÄCHE
Du hast ein neues Fahrrad bekommen.	Du stehst vor dem Schaufenster des Spielwarengeschäftes.	Du putzt dir die Zähne.	GELD kg
Auf dem Sportplatz.	Du kommst zu spät in die Schule.	In drei Wochen hat deine Mutter Geburtstag. Du hast noch zu wenig Geld für das geplante Geschenk.	m Minuten
Du möchtest um 3000 S eine neue Einrichtung für dein Zimmer haben. Hoffentlich ist das Zimmer groß genug.	Du hast in letzter Zeit ganz schön zugenommen. Du brauchst neue Kleider.	In den letzten drei Jahren bist du um 20 cm gewachsen.	m^2 S, g
Dein um vier Jahre älterer Bruder möchte mit dir das Zimmer tauschen, weil deines größer ist.	Ein kleiner Junge schleppt seinen Roller, der 4 kg wiegt, in den Keller. Du hilfst ihm, wo du doch doppelt so alt bist wie er.	Deine Mutter schickt dich einkaufen. Du jammerst: Um diese 5 kg zu schleppen, brauche ich ja eine halbe Stunde.	Jahre, Monate cm

Kopiervorlage zu „Texte mit Material“ (5.7)

Material: Dinosaurierfiguren Wie viele Beine haben alle 9 Dinosaurier zusammen? R: ____ ⚂ Wie viele Beine haben die erwürfelten Dinosaurier? R: ____	Material: Einige Spielzeugautos Wie viele Reifen siehst du insgesamt? R: ____ ⚂ Wie viele Reifen haben die erwürfelten Autos mitsamt ihren Reservereifen? R: ____	Material: Quadrate u. Rechtecke Wie viele Ecken haben die Quadrate? R: ____ Wie viele Ecken haben die Rechtecke? R: ____
Material: Einige Modellhäuser Wie viele Kanten (auch am Dach) haben alle Häuser zusammen? R: ____ Wie viele Ecken haben die Fenster eines dieser Häuser? R: ____	Material: Puppentische u. Sessel Wie viele Beine haben alle Möbel zusammen? R: ____ Wie viele Tischplatten brauchst du bei 20 Beinen? R: ____	Material: 1 Quartettspiel Sortiert das Kartenspiel zu 4er-Päckchen. Wie viele Karten hat das Spiel? R: ____ ⚂ So viele Stapel müßt ihr nehmen. Wie viele Karten sind das? R: ____
Material: Einige Spieluhren Wie oft sind auf diesen Uhren insgesamt Viertelstunden zu sehen? R: ____ ⚂ Von so vielen Uhren sollst du die Viertelstunden nehmen. R: ____	Material: Die Kalenderblätter einiger Monate Wie viele ganze Wochen siehst du insgesamt auf diesen Kalenderblättern? R: ____ ⚂ Wie viele Wochen hatten so viele Monate? R: ____	Material: 30–40 gleich lange Holzstäbe Wie viele Bilderrahmen kannst du bauen? R: ____ ⚂ Baue so viele Bilderrahmen, wie du gewürfelt hast! R: ____
Material: Bohnen  Lege auf jeden Vierklee eine Bohne! Wie viele Blätter haben sie? R: ____	Material: 1 Würfel Würfle 20mal mit dem Würfel! Wie oft hast du einen Vierer gewürfelt? Wie groß ist die Gesamtpunktezahl deiner 4er-Würfe? R: ____	Material: 1 Modelleisenbahnwaggon Die Fenster zeigen dir, wie viele Abteile der Waggon besitzt. Der Zug ist voll besetzt. In jedem Abteil sitzen 4 Personen. Wie viele Leute sind im Waggon? R: ____ Wie viele sitzen links vom Gang? R: ____

Kopiervorlage zu „Texte mit Material“ (5.7)

Material: Dreiecke

Wie viele Ecken haben die roten Dreiecke zusammen?

R: ____________

Wie viele Ecken haben alle Dreiecke zusammen ohne die gelben?

R: ____________

Material: Gabeln, Messer, Löffel

Wie viele Personen können mit dem vorhandenen Besteck essen?

R: ____________

Decke für 3 Personen auf!

R: ____________

Material: Kreisscheiben

Wie viele Dreiradler kannst du mit den vorhandenen Rädern ausrüsten?

R: ____________

Rüste 4 Dreiradler aus!

R: ____________

Material: Schrauben, Schillinge

1 Schraube kostet 3 Schilling. Wieviel kosten die vorhandenen Schrauben?

R: ____________

Lege 15 Schillinge auf den Tisch. Wie viele Schrauben bekommst du dafür?

R: ____________

Material: Kaffeeschalen, Tassen, Dessertteller

Decke auf! Für wie viele Personen hast du Geschirr?

R: ____________

Decke für 6 Personen auf! Wieviel Geschirr muß abgewaschen werden?

R: ____________

Material: Mikadospiel

Du und dein Partner, ihr bekommt je 9 Mikadostäbe. Den Rest gebt ihr weg.

R: ____________

Legt nun jeder mit euren 9 Stäben ein Gebilde auf dem Tisch!

R: ____________

Material: Spielkegel, 1 Murmel

Stelle die Kegel zu lauter Kegelspielen auf! Wie viele Kegelspiele sind das?

R: ____________

Kegle aus 50 cm Entfernung mit der Murmel!

R: ____________

Material: Wochen-Kalenderblätter

Wie viele Werktage hat jede dieser Wochen? (Ziehe die Feiertage und Sonntage ab!)

R: ____________

Wie viele Werktage haben alle deine Blätter zusammen?

R: ____________

Material: Eierschachteln (6er)

Wie viele Eier haben in 4 Schachteln Platz?

R: ____________

In der ersten Schachtel zerbrechen 3 Eier, in der zweiten Schachtel 4 Eier.

R: ____________

Material: Marienkäfer-Glücksbringer

Wie viele Beine haben alle Marienkäfer zusammen?

R: ____________

3 Marienkäfer fliegen fort:

R: ____________

Material: 1 dreiseitige Pyramide

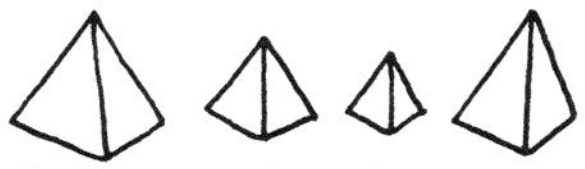

Wie viele Kanten hat die Pyramide?

R: ____________

Wie viele Kanten haben die hier abgebildeten Pyramiden zusammen?

R: ____________

Material: Bienenwaben

Wie viele Ecken haben alle vorhandenen Bienenwaben zusammen?

R: ____________

Suche ein Stück Bienenwabe mit 30 Ecken!

R: ____________

Kopiervorlage zu „Texte mit Material“ (5.7)

Material: 5-S-Münzen Wie groß ist der Wert aller Münzen zusammen? R: Du verlierst 2 Stück davon. R: Du teilst das Geld gerecht mit einem Freund. R:	Material: Schnapskarten Wie viele Spielkarten gibt es von jeder Farbe? R: Wie viele Spielkarten ergeben alle Farben zusammen? R:	Material: Blüten m. Blütenblättern Wie viele Blütenblätter haben alle zusammen? R: 3 Blumen verwelken. Wie viele Blütenblätter sind es nun? R:
Material: Ahornblätter Teile die Ahornblätter gerecht mit einem Freund. Wie viele Blätter bekommt jeder? R: Wie viele „Finger“ haben deine Blätter zusammen? R:	Material: Spielzeugautos Wie viele Insassen sitzen in allen Autos, wenn in jedem 5 Personen sitzen? R: Wie viele Personen sind es, wenn alle hinten sitzenden Personen aussteigen? R:	Material: Spielfiguren Nimm so viele Spielfiguren, so viele Schüler heute in deiner Klasse sind. R: Bilde nun 5er-Gruppen. Bleiben Schüler übrig? R:
Material: 1 Liederbuchseite, Liederbuch Wie viele Notenlinien findest du auf dieser Seite? R: Suche im Liederbuch eine Seite mit einem Lied, das 20 Notenlinien braucht. R:	Material: Packpapier, Bleistift Fahre die Umrisse deiner Hände mehrmals auf Packpapier nach. Für wie viele Personen reichen diese „Handschuhe“? R: Fahre so oft deine Füße auf Packpapier nach: Wie viele Zehen sind das? R:	Material: Meßstab mit 10-cm-Einteilung Wie oft haben die 10 cm auf der Breite und auf der Länge eines Schülertisches Platz? R: R:
Material: 10-dag-Gewichte, Balkenwaage, 20-dag-Gewichte, 50-dag-Gewichte Lege auf die Balkenwaage zwei 20-dag-Gewichte und auf die andere Seite 10-dag-Gewichte! R: Lege auf die Waage ein 50-dag-Gewicht und auf die andere Seite ein 10-dag-Gewicht R:	Material: 10-S-Stücke 1 große Tafel Schokolade kostet 30 S. Wie viele solche Tafeln kannst du kaufen? R: Die Hälfte deines Geldes gibst du in die Sparbüchse. R:	Material: 50 bis 100 Bohnen Bilde nur Zehnermengen! R: Teile 40 Bohnen gerecht auf 4 Personen auf! R:

DIE FALSCHE MARKTFRAU

Frau Meier kauft die Eier immer auf dem Markt. Jedesmal geht sie zur selben Marktfrau und kauft eine Lage Eier zu 30 Stück, 3 Schilling pro Ei. Doch heute steht eine andere Marktfrau an diesem Platz! „Frau Dotteringer ist leider krank. Womit kann ich dienen?“ „Eine Lage Eier!“ „Oh, das tut mir aber leid! Ich habe nur mehr eine Lage, und bei der fehlt eine Reihe!“ Frau Meier kauft die Eier. „Das macht dann 75 Schilling“, sagt die Marktfrau. Zu Hause zählt Frau Meier die Eier: „Nur 24 Eier! Die hat mich betrogen!“

MORD IM RINDERSTALL!

Der Ochsenhoferbauer hat sechs Kühe, vier Ochsen, drei Kälber und zwei Stiere in seinem Stall stehen. Die Kühe und die Ochsen sind den ganzen Tag auf der Weide. Heute ist beim Ochsenhoferbauern Schlachttag, die beiden Stiere sollen geschlachtet werden. Und gerade heute muß der Bauer einen Ochsen im Stall stehen lassen! Er kann nicht auf die Weide, weil er so sehr hinkt. Die Kinder treiben die Rinder auf die Weide, der Bauer fährt mit dem Traktor weg, das Schlachten überläßt er lieber dem Fleischhauer. Der soll die beiden Stiere schlachten. Am Abend kommt der Bauer heim, da hängen FÜNF Rinderhälften im Kühlraum! Und im Stall fehlt ein Ochse! „Wo ist der Fleischhauer?!“ brüllt der Ochsenhoferbauer ...

SCHÜLER VERMISST!

Die dritte Klasse der VS Tschenowitsch, das sind 24 Schüler, macht einen Besuch im Zirkus. Sie sehen ein tolles Programm. Nach den Elefanten kommt der Zauberer: „Zehn Kinder bitte in die Manege kommen! Ihr seht jetzt das größte Zauberkunststück aller Zeiten!“ Fünf Kinder der dritten Klasse und fünf Kinder der vierten Klasse eilen in die Manege. Der Zauberer läßt die zehn Kinder in einer winzigen Kiste verschwinden! Sensation! Nach der Vorstellung zählt der Lehrer seine Schüler: Es sind nur 19 Kinder!

DER KRAWATTENDIEB

Zum dritten Mal ist der freche Dieb bei Herrn Eitelberger über die Veranda hinaufgeklettert und in das Schlafzimmer eingedrungen, um die Krawatten zu entwenden – jeweils 25 Stück, alle aus Seide! Doch diesmal hat er einen Fehler gemacht: Herr Eitelberger kommt am Freitag immer erst um 22 Uhr nach Hause, weil er mit seinen Freunden kegelt. Im Sommer wird es aber frühestens um 21.30 Uhr finster. Und aus Vorsicht hatte Herr Eitelberger seine Krawatten in einen anderen Kasten gehängt. Es verging wohl eine halbe Stunde, bis der Dieb die Seidenkrawatten entdeckt hatte. Er wollte sie unbedingt haben und hat dabei vergessen, auf die Uhr zu schauen …

Kopiervorlage zu „Mathematische Zwiegespräche“ (5.9)

A: Wir haben jetzt 3 Autos in unserer Garage stehen!
B: Wozu 3? Wir brauchen nur 1 Auto!
A: In einem Auto hätten wir gar nicht Platz!
B: In eurer Familie sind also mehr als 5 Personen?
A: Wir sind 8 Personen, mit Oma und Opa.
B: Dann hättet ihr auch in 2 Autos Platz!

Zwei Bankräuber
A: In dieser Bank warten 12 Millionen auf uns, Partner!
B: Dann kann ich mir endlich die Villa um 5 Mille und den Wagen um 1 Mille kaufen!
A: He, langsam! Du hast vergessen, daß wir noch unsere Schulden bezahlen müssen – das sind 2 Mille!
B: Na und, das geht sich doch glatt aus!
A: Wir haben ausgemacht, daß jeder gleichviel Zaster bekommt!

Am Straßenrand
A: Schau dir das an: Mit 50 km/h darf man hier fahren, der hat aber mindestens 90 drauf!
B: Das täuscht! Der fuhr höchstens mit 70.
A: 70 ist zu wenig. Nehmen wir die Mitte!
B: Gut! Und für 10 km/h zu schnell fahren sollte der Raser da 200 Schilling bezahlen müssen!

Zwei Radfahrer
A. Noch 50 km, das schaffe ich nicht mehr!
B: Aber ja! 90 km hast du schon geschafft, und das in 3 Stunden!
A. Wir müssen vor dem Finsterwerden zu Hause sein!
B: Das schaffen wir leicht. Wir haben noch mehr als 2 Stunden Zeit, bis es finster wird.

Kopiervorlage zu „Mathematische Zwiegespräche“ (5.9)

Im Kuhstall

A: Wieviel wiegt die erste Kuh da?
B: Die wird wohl ihre 700 kg haben!
A: Und der große Stier in der Ecke, wieviel wiegt der?
B: Der wiegt leicht eine Tonne!
A: Da stehen ja noch zwei kleinere Stiere.
B: Die zwei werden gemeinsam so viel wiegen wie der große Zuchtstier.
A: Die drei Stiere und die 5 Kühe, das ergibt ein ganz schönes Gewicht!

Bei der Geburt

A: Ich wog bei der Geburt 4 kg 90 dag!
B: Ich wog nur 3 kg 50 dag.
A: Dafür bist du jetzt schon mindestens 40 kg schwer.
B: Du hast um 4 kg zuviel geschätzt. Außerdem bin ich größer als du!

Schikurs

A: Es sind nur 12 Paar Langlaufschi im Keller. Wir sind aber 10 Personen.
B: Das macht doch nichts! Dann müssen die anderen eben rodeln gehen!
A: Haben Sie überhaupt genügend Rodeln?
B: Wir haben 6 Rodeln, und auf jeder Rodel können zwei Personen bequem sitzen!

Im Gasthaus

A. Wir möchten die Feier bei Ihnen machen!
B: Wie viele Personen werden da kommen? Dieser Raum ist noch frei!
A. Wir erwarten 40 Personen.
B: Wir haben zwei Tische für acht Personen, zwei Tische für 6 Personen und 3 Tische für 4 Personen.

FRAGEBOGEN

Persönliche Daten

1. Wie viele Geschwister hast du?
2. Wie schwer bist du?
3. Wie groß bist du?
4. Wie viele Räume hat eure Wohnung?
5. Wie alt sind alle deine Familienmitglieder?
6. Wie viele Tiere habt ihr zu Hause?
7. Wieviel Taschengeld bekommst du?
8. Wie alt bist du?
9. Was ist deine Schuhgröße?
10. Altersunterschied zu deiner Mutter?
11. Ältestes Mitglied deiner Familie?
12. Jüngstes Mitglied deiner Familie?
13. Geburtsjahr des Großvaters?
14. Eigenes Geburtsgewicht?

Persönliche Rekorde

1. Dein dickstes Buch?
2. Dein längster „Krankenstand“?
3. Deine größte Mahlzeit?
4. Deine weiteste Reise?
5. Dein schnellster Fußmarsch?
6. Dein teuerster Einkauf?
7. Deine höchste Bergwanderung?
8. Deine schwerste Gewichtslast?
9. Dein schwerster Rucksack?
10. Dein längster Tag?
11. Dein weitester Wurf?
12. Dein weitester Sprung?
13. Dein längster Tauchversuch?
14. Deine längste Hausübung?
15. Dein längster Satz?

Kopiervorlage zu „2 mal 3 gleich 6“ (7.6)

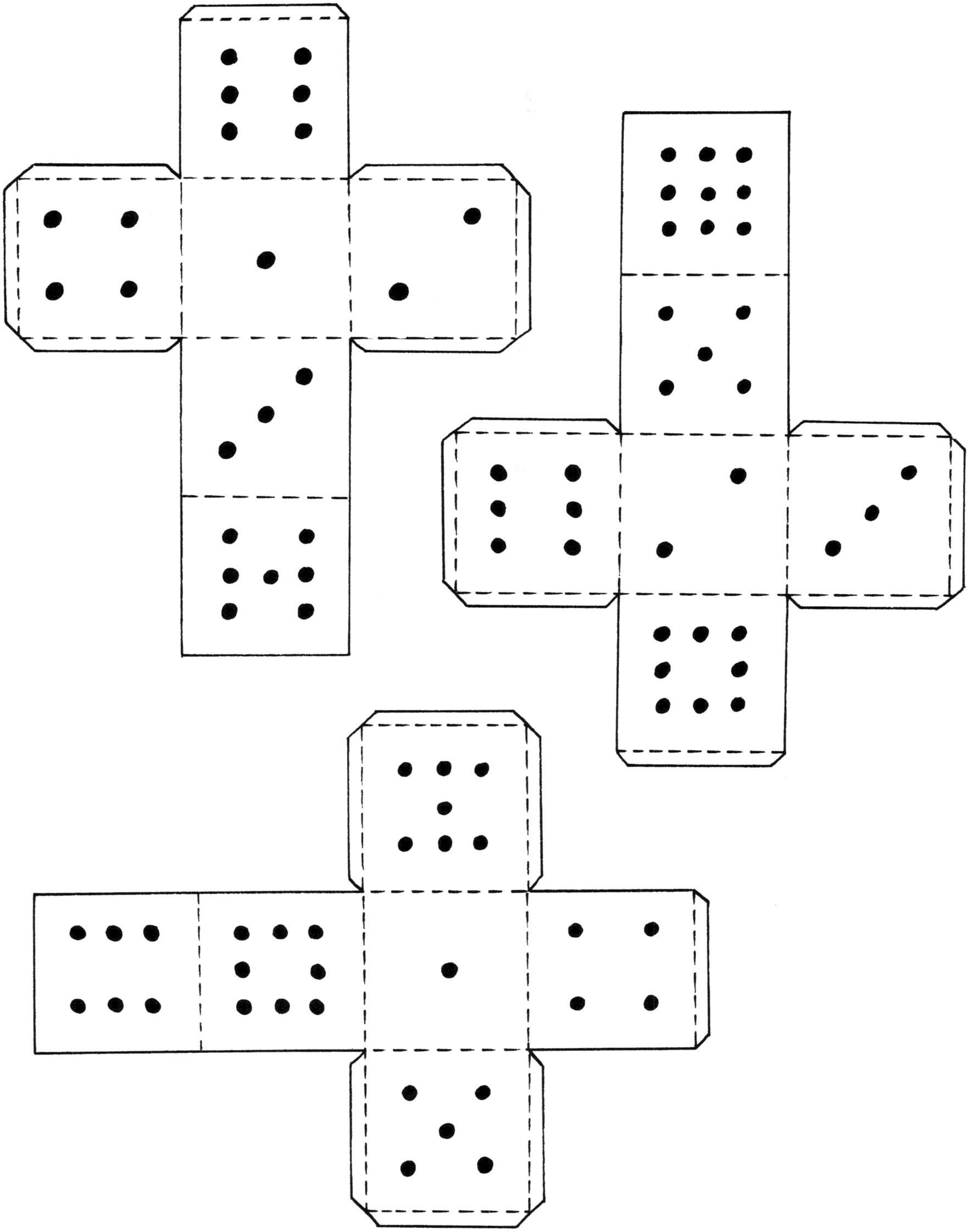

Kopiervorlage zu „Alles reimt sich!“ (9.8)

2 x 9 = 18 … ich möchte dich bei Nacht seh'n!	42 = 6 x 7 … verflixt, wo ist mein Hans geblieben?	64 = 8 x 8 … wer hat mich da ausgelacht?
6 x 5 = 30 … wir sind furchtbar fließig!	36 = 6 x 6 … Herbert nennt mich immer Hex!	4 x 4 = 16 … tu nicht gar so krächzen!
49 = 7 x 7 … die Kuh wird auf die Alm getrieben.	4 x 8 = 32 … mancher Reim ist wirklich schleißig!	28 = 7 x 4 … fangen wir den wilden Stier!
18 = 3 x 6 … Martin ißt so ger-ne Keks.	27 = 9 x 3 … das Rechnen ist a Spielerei.	80 = 8 x 10 … wer nicht reimen kann, soll geh'n!

Kopiervorlage zu „Alles reimt sich!“ (9.8)

2 x 2 = 4 … Vater trinkt gern Bier.	2 x 10 = 20 … ist die Butter ranzig.	60 = 6 x 10 … wohin willst du geh’n?
3 x 3 = 9(e) … Heu ist in der Scheune.	3 x 4 = 12(e) … fangen wir die Wölfe!	8 x 5 = 40 … macht die Suppe würzig!
2 x 4 = 8 … finster ist die Nacht.	15 = 5 x 3 … warum ißt du keinen Brei?	10 x 10 = 100 … und wie mich das wundert!
14 = 2 x 7 … wo ist nur mein Geld geblieben?	20 = 5 x 4 … sag, was machst du hier?	24 = 8 x 3 … sag, was ist da schon dabei?

Kopiervorlage zu „Phantastische Geschichten“ (9.9)

Eine Katzenmutter hatte einmal 5 Kinder. Für die mußte sie jeden Tag 10 Mäuse fangen. Dafür ist sie gleich 15 km gelaufen. Unterwegs ist sie 20 anderen Katzen begegnet. Die haben ihr mindestens 25 Lügen aufgebunden! Ihre Kinder haben inzwischen 30 Alpträume gehabt. Sie sind 35mal in der Scheune hin und her gelaufen. Doch ihre Mutter ist erst nach 40 Minuten wiedergekommen. Vor Kummer hat sie 45 Tränen vergossen. Im Traum hat sie dann 50 Mäuse gefangen.

Purzel hat beim Fest der Schlümpfe 6 Goldhaare verloren. Das hat er erst nach 12 Stunden gemerkt. Er mußte 18 Stunden lang weinen. Er hatte ja jetzt nur mehr 24 Haare! Da kamen seine Freunde, die 30 Schnorzel, auf Besuch. Sie hatten im Stollen 36 Goldstücke gefunden. Daraus konnte man 42 Goldhaare machen! Purzel brauchte dazu nur 48 Minuten. Bald hatte er 54 Haare auf dem Kopf. Jedes Haar wog 60 Gramm!

In unserem Garten stehen 7 Apfelbäume. Jeder davon hat 14 Äste. Darin hausen 21 Meisen. Sie singen jeden Morgen 28 Lieder. Und in jedem Baum sitzen 35 Baumgeister. Die haben mich schon 42mal erschreckt! Einer von ihnen hat 49 Augen. Er trinkt jeden Tag 56 Regentropfen. Dazu ißt er täglich 63 Blattläuse. Alle Geister sind mit 70 Jahren auf die Welt gekommen!

Es saßen einmal 8 Wachsoldaten auf der Wacht. Die hörten in der Nacht 16 Eulen heulen. Da wurden ihre Butterkugeln, alle 24, ranzig. Am Tag darauf machten sie gleich 32, denn sie waren überfleißig. Warum machten sie nicht gleich 40 – denn da wird die Sache erst würzig. Doch nach 48 Stunden war der Schrecken überwunden. 56mal pro Nacht haben sie die Rund' gemacht. Sie rauchten 64 Zigaretten – wetten? Da kamen 72 Feind' – ach wie haben die geweint. Es flogen Kugeln zig der acht, sie trafen nicht, man hat gelacht!

Kopiervorlage zu „Phantastische Geschichten“ (9.9)

Ich kannte ein nettes Paar, das hatte vier Kinder! Jeden Tag mußte für sechs Personen gekocht werden. Oft kamen Oma und Opa auf Besuch, da saßen 8 Personen am Tisch! Bald brachten die Kinder ihre Freunde und Freundinnen mit nach Hause – 10 Personen hausten da unter einem Dach! Enkel wurden geboren – Zwillinge! 12 Menschen in dem kleinen Haus? Und jetzt wollten auch noch die Großeltern zu ihnen ziehen – dann müßten dort gar … Personen Platz haben! Jetzt mußten alle Kinder, die schon über 18 waren, ausziehen. Doch oft gab es ein Fest in diesem Haus, und da saßen nicht selten 20 Menschen in der Küche!

Wenn du 3 Freunde hast, sei froh. Du kannst mit ihnen 6 Abenteuer erleben! Zum Beispiel den Kampf mit den 9 Wolken. Oder die Nacht mit den 12 Geistern. Schaff dir gleich 15 Bücher an! Du wirst von 18 Helden lesen. Die kämpfen mit 21 Ungeheuern. Du wirst 24 Märchen lesen. Da kommen 27 Hexen vor. Bist du dann auf Seite 30, warst du wirklich …

Niemand hörte je die 9 Musikanten. Dabei konnten sie auf 18 Instrumenten spielen! Einer konnte sogar 27 Töne blasen. An einem Tag spielten sie 36 Märsche. Ihr Klavier, das hatte 45 Tasten! Und sie schrieben 54 Noten. Und sie sangen 63 Lieder. Und sie kannten 72 Tänze! Doch mit 81 wurden sie müde. Und mit 90 legten sie ihre Instrumente weg.

Weltrekorde: 4 Tage ohne Streit auskommen. 8 Minuten lang still sitzen. 12 Tage lang kein Schnitzel essen. 16 Tage ohne Fernseher leben. 20 freundliche Wörter auswendig sagen können. 24 Stunden lang kein einziges Schimpfwort verwenden. 28 Schimpfwörter mit Z erfinden. 32 Instrumente spielen. 36 Lieder hintereinander singen. 40 Wochen in einem Jahr in die Schule gehen.

Stichwortverzeichnis

Bücher zum Weiterlesen

- Gisela **Breuer:** Freie Arbeit im 1. u. 2. Schuljahr – Beispiele aus dem Deutsch-, Mathematik- und Sachunterricht.
  Prögel, München 1989

- **Duden** – Schülerhilfen, Grundrechenarten 1.
  Dudenverlag, 1990

- Paul **Le Bohec:** Verstehen heißt Wiederfinden. Natürliche Methode und Mathematik.
  Pädagogik-Kooperative, Bremen 1994

- Horst **Malle:** Mathematik erleben I und II.
  Goudrom-Verlag, 1990 (I), 1991 (II)

- Thomas **Müller** u. a.: Das große Mathematikbuch.
  Verlag Naumann und Göbel, 1992

- Helmut **Neunzert**/Bernd **Rosenberger:** Schlüssel zur Mathematik.
  ECON, 1991

- Silvia **Regelein:** Lernspiele im Mathematik-Unterricht. Neue Lernspiele für die Grundschule.
  Oldenbourg, 1989

- Erhard **Scholz** (Hrsg.): Geschichte der Algebra – eine Einführung.
  Bibliografisches Institut der Wissenschaften, München 1990.

Bildquellen:

Alle Grafiken stammen von Alois Jesner, Linz – außer S. 29, 53f., 86f. und 94 von Irene Prunner, Linz.

Mit Freude leichter lernen

Bernd Badegruber
Spiele zum Problemlösen
Band 1: für Kinder im Alter von 6 bis 12 Jahren
120 Seiten, gebunden
ISBN 3-7058-0540-1
Band 2: für Kinder im Alter von 9 bis 15 Jahren
120 Seiten, gebunden
ISBN 3-7058-0548-7

- Weit über 100 Spiele, je nach Bedarf für Kleingruppen oder Schulklassen.
- Helferspiele, Aggressionsspiele, Kooperationsspiele, Wahrnehmungs-, Bewegungs-, Partner-, Rate- und Rollenspiele.
- Im Spiel Probleme aufgreifen, erkennen und bewältigen.
- Eine wertvolle Hilfe für Kinder, das ICH, das DU und die GRUPPE zu verstehen.

Bernd Badegruber
Offenes Lernen
in 28 Schritten
ab 4 Jahren
96 Seiten, broschiert
ISBN 3-85329-982-2

- Eine praxisorientierte Hilfe für Lehrer, die die oft „graue Theorie" des offenen Lernens in ihrem Unterricht umsetzen wollen.

Kündig/Lötscher/Steiner
Zauberworte
Geschichten, die Mut machen und die Phantasie anregen
von 8 bis 12 Jahren
80 Seiten
mit Zusatzheft für Eltern
20 Seiten
ISBN 3-7058-0737-4

- 14 Geschichten behandeln Alltagsprobleme.
- Stärken Sie das Vertrauen der Kinder in die eigenen Kräfte.
- So können Sie den Kindern ihre Phantasie erhalten.

Jean-Claude Olivier
Wohin mit den Aggressionen
Raufen und Spielen nach Regeln
von 6 bis 12 Jahren
80 Seiten, broschiert
ISBN 3-7058-0706-4

- Verwandeln Sie eine Rauferei in ein Spiel nach Regeln.
- Körperliche Auseinandersetzung wird nicht tabuisiert, sondern als Ausdrucks- und Kommunikationsmittel gesehen.
- Die Kinder lernen so, Regeln zu akzeptieren, begreifen ihren Körper auf neue Art und Weise und lernen, Erfolg und Mißerfolg zu relativieren.

VERITAS

Praktische Tips zum „anderen Lernen“

Entspannt lernen
Streßabbau, Lernförderung und ganzheitliche Erziehung
ISBN 3-85329-610-6
Tonbandkassette
ISBN 3-85329-529-9

- In einen entspannten und effizienten Schultag.
- Mit vielen Entspannungsübungen.
- Übungen auch auf Tonbandkassette.

Zielbewußt üben – erfolgreich lernen
Lerntechniken und Entspannungsübungen für Schüler
ISBN 3-85329-683-1
Tonbandkassette
ISBN 3-85329-533-4

- Ein reichhaltiges Angebot an Lerntechniken.
- Wendet sich direkt an Schüler ab 11 Jahren.
- Ein Buch für jeden Lernenden.

Komm mit zum Regenbogen
Phantasiereisen für Kinder und Jugendliche zur Entspannung, Lernförderung, Persönlichkeitsentwicklung
ISBN 3-85329-886-9
Tonbandkassette
ISBN 3-85329-917-2

- Phantasiereisen regen die Vorstellungskraft von Kindern und Jugendlichen an.
- Für die Vertiefung von Entspannung und Ruhe, für die Förderung von kreativem und ganzheitlichem Lernen und für die Unterstützung einer harmonischen Persönlichkeitsentwicklung bietet das Buch Geschichten und Texte.

Anders lernen
Tips für den offenen Unterricht. Lernideen für Schüler, Eltern und Lehrer.
ISBN 3-7058-0017-5

- Mehr Freude beim Lernen für Kinder, Jugendliche, Lehr- und Erziehungspersonen durch lustbetonte neue Lernformen.
- Unwillkürliches Lernen aus Neugier.
- Unwillkürliches Lernen aus Lust an der Bewegung.

VERITAS